T0245074

Wissenschaftliche Reihe Fahrzeugtechnik Universität Stuttgart

Herausgegeben von
M. Bargende, Stuttgart, Deutschland
H.-C. Reuss, Stuttgart, Deutschland
J. Wiedemann, Stuttgart, Deutschland

Das Institut für Verbrennungsmotoren und Kraftfahrwesen (IVK) an der Universität Stuttgart erforscht, entwickelt, appliziert und erprobt, in enger Zusammenarbeit mit der Industrie, Elemente bzw. Technologien aus dem Bereich moderner Fahrzeugkonzepte. Das Institut gliedert sich in die drei Bereiche Kraftfahrwesen, Fahrzeugantriebe und Kraftfahrzeug-Mechatronik. Aufgabe dieser Bereiche ist die Ausarbeitung des Themengebietes im Prüfstandsbetrieb, in Theorie und Simulation.
Schwerpunkte des Kraftfahrwesens sind hierbei die Aerodynamik, Akustik (NVH), Fahrdynamik und Fahrermodellierung, Leichtbau, Sicherheit, Kraftübertragung sowie Energie und Thermomanagement – auch in Verbindung mit hybriden und batterieelektrischen Fahrzeugkonzepten.
Der Bereich Fahrzeugantriebe widmet sich den Themen Brennverfahrensentwicklung einschließlich Regelungs- und Steuerungskonzeptionen bei zugleich minimierten Emissionen, komplexe Abgasnachbehandlung, Aufladesysteme und -strategien, Hybridsysteme und Betriebsstrategien sowie mechanisch-akustischen Fragestellungen.
Themen der Kraftfahrzeug-Mechatronik sind die Antriebsstrangregelung/Hybride, Elektromobilität, Bordnetz und Energiemanagement, Funktions- und Softwareentwicklung sowie Test und Diagnose.
Die Erfüllung dieser Aufgaben wird prüfstandsseitig neben vielem anderen unterstützt durch 19 Motorenprüfstände, zwei Rollenprüfstände, einen 1:1-Fahrsimulator, einen Antriebsstrangprüfstand, einen Thermowindkanal sowie einen 1:1-Aeroakustikwindkanal.
Die wissenschaftliche Reihe „Fahrzeugtechnik Universität Stuttgart“ präsentiert über die am Institut entstandenen Promotionen die hervorragenden Arbeitsergebnisse der Forschungstätigkeiten am IVK.

Herausgegeben von

Prof. Dr.-Ing. Michael Bargende
Lehrstuhl Fahrzeugantriebe,
Institut für Verbrennungsmotoren und
Kraftfahrwesen, Universität Stuttgart
Stuttgart, Deutschland

Prof. Dr.-Ing. Jochen Wiedemann
Lehrstuhl Kraftfahrwesen,
Institut für Verbrennungsmotoren und
Kraftfahrwesen, Universität Stuttgart
Stuttgart, Deutschland

Prof. Dr.-Ing. Hans-Christian Reuss
Lehrstuhl Kraftfahrzeugmechatronik,
Institut für Verbrennungsmotoren und
Kraftfahrwesen, Universität Stuttgart
Stuttgart, Deutschland

Fabian Köpple

Untersuchung der Potentiale der numerischen Strömungsberechnung zur Prognose der Partikelemissionen in Ottomotoren mit Direkteinspritzung

Fabian Köpple
Stuttgart, Deutschland

Dissertation Universität Stuttgart, 2015

D93

Wissenschaftliche Reihe Fahrzeugtechnik Universität Stuttgart
ISBN 978-3-658-11137-3 ISBN 978-3-658-11138-0 (eBook)
DOI 10.1007/978-3-658-11138-0

Die Deutsche Nationalbibliothek verzeichnet diese Publikation in der Deutschen Nationalbibliografie; detaillierte bibliografische Daten sind im Internet über http://dnb.d-nb.de abrufbar.

Springer Vieweg

Gedruckt auf säurefreiem und chlorfrei gebleichtem Papier

Springer Fachmedien Wiesbaden ist Teil der Fachverlagsgruppe Springer Science+Business Media (www.springer.com)

Vorwort

Die vorliegende Arbeit entstand während meiner Tätigkeit als Mitarbeiter der Robert Bosch GmbH im Geschäftsbereich Gasoline Systems in Schwieberdingen in der Abteilung „Ottomotorische Brennverfahrensentwicklung (GS/ECS)“, in Zusammenarbeit mit dem Institut für Verbrennungsmotoren und Kraftfahrwesen (IVK) der Universität Stuttgart.

Mein besonders herzlicher Dank gilt Herrn Prof. Dr.-Ing. Michael Bargende für die Betreuung der Arbeit, für sein reges Interesse, für die vielen wertvollen Anregungen und Ratschläge sowie für das entgegengebrachte Vertrauen.

Ebenso bedanke ich mich herzlich bei Herrn Prof. Dr.-Ing Zoran Filipi für sein großes Interesse an dieser Arbeit und die bereitwillige Übernahme des Korreferats.

Ferner danke ich Herrn Prof. Dr.-Ing. Arnold Kistner für die Übernahme des Vorsitzes der Prüfungskommission.

In besonderem Maße möchte ich mich bei Herrn Dr.-Ing. Paul Jochmann für die Betreuung der Arbeit, für die vielen fachlichen Diskussionen und die ab und an notwendige moralische Unterstützung bedanken. Des Weiteren gilt mein Dank allen Kollegen der Abteilung GS/ECS für die fachliche Unterstützung, die wertvollen Anregungen und die angenehme Zusammenarbeit, insbesondere Herrn Dr.-Ing. Andreas Kufferath für die Möglichkeit zur Durchführung der Arbeit. Ebenso danke ich Herrn Dr.-Ing. André Kulzer und Herrn Dr.-Ing. Alexander Hettinger für die vielfältige Unterstützung. Ein besonderer Dank gilt Herrn Dipl.-Ing. Claus Wundling für seine sehr wertvolle Unterstützung in allen messtechnischen Fragen.

Darüber hinaus gilt ein besonderer Dank meinen Eltern sowie meiner Freundin für ihr Verständnis, die Geduld und die intensive Unterstützung, die für das Gelingen dieser Arbeit entscheidend war.

Fabian Köpple

Inhaltsverzeichnis

Formelzeichen, Abkürzungen und Indizes

Formelzeichen

Zeichen	Bedeutung	Einheit
A	Fläche	[m^2]
a	Temperaturleitfähigkeit	[m^2/s]
α	Spraykegelwinkel	[°]
α	Wärmeübergangskoeffizient	[W/(m^{2}K)]
α, β	Modellkonstanten des ECFM-Modells	[-]
b	Reaktionsregressvariable des Flammenfaltungsmodells	[-]
b	Wärmeeindringkoeffizient	[Ws$^{0.5}$/(m^{2}K)]
B_T	Wärmetransferzahl	[-]
B_Y	Massentransferzahl	[-]
C_1, C_2	Konstanten des $k-\zeta-f$-Turbulenzmodells	[-]
c	Massenanteil	[-]
c	Reaktionsfortschrittsvariable des ECFM-Modells	[-]
$C_{\epsilon 1}$, $C_{\epsilon 2}$, $C_{\epsilon 3}$, C_μ	Konstanten des $k-\epsilon$-Turbulenzmodells	[-]
c_p	spez. Wärmekapazität	[J/(kgK)]
c_w	Widerstandsbeiwert	[-]
Da	Damköhler-Zahl	[-]
D	Diffusionskoeffizient	[m^2/s]
d	Durchmesser	[m]
δ	dimensionslose Filmdicke	[-]
δ	Dicke	[m]
δ	Flammendicke	[m]
∂_{ij}	Kronecker-Delta	[-]
e	innere Energie	[J]
ϵ	turbulente Dissipation	[m^2/s^3]
f	Frequenz	[Hz]

f	Funktion	[div.]
F_{vap}, F_{con}, α_{nuc}	Konstanten des Rayleigh-Plesset-Kavitationsmodells	[-]
G	Feldgröße G-Gleichungsmodell	[-]
g	Erdbeschleunigung	[m/s^2]
h	spezifische Enthalpie	[J/kg]
Ka	Karlovitz-Zahl	[-]
κ	Karman-Konstante	[-]
K	K-Zahl im Spray-Wand-Interaktionsmodell	[-]
K	Kolmogorov'sche Größenskala	[-]
k	turbulente kinetische Energie	[m^2/s^2]
K_t	Streckungsrate der Flammenfront	[1/s]
λ	Luft-Kraftstoff-Verhältnis	[-]
λ	Wärmeleitfähigkeit	[W/(mK)]
Λ	Wellenlänge im WAVE-Modell	[m]
μ	dynamische Viskosität	[kg/(ms)]
n_{Mot}	Motordrehzahl	[min^{-1}]
ν	kinematische Viskosität	[m^2/s]
Nu	Nusseltzahl	[-]
Oh	Ohnesorge-Zahl	[-]
$\dot{\omega}$	Reaktionsgeschwindigkeit	[1/s]
ω	Winkelgeschwindigkeit	[1/s]
Ω	Wachstumsrate im WAVE-Modell	[1/s]
p	Druck	[N/m^2]
Pr_k, Pr_ϵ	Prandtl-Zahlen für die turbulente kinetische Energie k und die Dissipation ϵ	[-]
$\dot{Q}^c$	chemischer Quellterm in der Energieerhaltung	[N/(m^{2}s)]
$\dot{q}$	Wärmestromdichte	[W/m^2]
$\dot{Q}$	Wärmestrom	[W]
Q	Wärme	[J]
$\dot{Q}^s$	Sprayquellterm in der Energieerhaltung	[N/(m^{2}s)]
Re	Reynolds-Zahl	[-]
ρ	Dichte	[kg/m^3]
r	Radius	[m]
Sc	Schmidt-Zahl	[-]
Sh	Sherwoodzahl	[-]
Σ	Flammenfrontoberflächendichte der Flammemflächenmodelle	[1/m]
σ	Viskoser Spannungstensor in der Impulserhaltungsgleichung	[N/m^2]

σ	Oberflächenspannung	[N/m^2]
σ	Varianz der turbulenten Schwankungen	[-]
SMD	Sauterdurchmesser	[m]
S	Flammengeschwindigkeit	[m/s]
St	Stanton-Zahl	[-]
τ	Reynolds-Spannungstensor	[N/m^2]
T^*	dimensionslose Temperatur	[-]
T	Temperatur	[K]
t	Zeit	[s]
u	Geschwindigkeit	[m/s]
V	Volumen	[m^3]
v	Volumenanteil	[-]
We	Weber-Zahl	[-]
W	Wahrscheinlichkeitsfaktor	[-]
$\vec{x}$	Ortsvektor in kartesischen Koordinaten	[m]
Ξ	Flammenfaltungsfaktor	[-]
$Y_{fu,fr}$	Kraftstoffmassenanteil der unverbrannten Zone	[-]
$Y_{fu,T}$	Totaler Kraftstoffmassenanteil	[-]
Y	Massenbruch	[-]
Y	Volumenanteil	[-]
ζ	Geschwindigkeitsverhältnis	[-]

Abkürzungen

Abkürzung	**Bedeutung**
CFD	numerische Strömungsmechanik
CO	Kohlenmonoxid
CO_2	Kohlendioxid
DDM	diskretes Tropfenmodell
DGL	Differentialgleichung
DNS	Direkte Numerische Simulation
EU	Europäische Union
EVO	Auslassventil öffnet
H_2	Wasserstoff
H_2O	Wasser
HC	unverbrannte Kohlenwasserstoffe

HDEV	Hochdruckeinspritzventil
IVO	Einlassventil öffnet
KW	Kurbelwinkel
LES	Grobstruktursimulation
LIF	Laser-Induzierte Fluoreszenz
MgO	Magnesiumoxid
N_2	Stickstoff
Nd:YAG	Neodym-dotierter Yttrium-Aluminium-Granat
NEFZ	Neuer Europäischer Fahrzyklus
NiCr	Nickel-Chrom
Ni	Nickel
NO	Stickstoffmonoxid
O_2	Sauerstoff
OH	Hydroxyl-Radikal
PAK	polyzyklische aromatische Kohlenwasserstoffe
PCM	Puls-Code-Modulation
PDA	Phasen-Doppler-Anemometrie
PN	Partikelanzahl
RANS	Reynolds-gemittelte Navier-Stokes
SiO_2	Siliziumdioxid
SOI	Einspritzbeginn
ZZP	Zündzeitpunkt

Indizes

Index	**Bedeutung**
0	Referenzpunkt
32	Sauter-gemittelt
B	Blase
c	chemisch
cell	Zelle des Berechnungsgebietes
DK	Direktkontakt
c	Wandfilm
f	Flüssigphase
Film	Wandfilm
Fl	Flamme

fr	Frischgas
fu	Kraftstoff
G	Gasphase
ign	Zündung
I	Interface
i,j,k	Zählindex in Koordinatenrichtung
imp	Impingement
K	Kammer
Kont	Kontakt
Kra	Kraftstoff
l	laminar
max	maximal
MSP	Massenschwerpunkt
n	normal
rel	relativ
R	Restgas
S	Tropfenoberfläche
sat	Siedepunkt
st	stabil
tan	tangential
t	turbulent
vap	Verdunstung
v	Dampfphase
w	Wand

Zusammenfassung

Die 2014 in Kraft tretende Emissionsgesetzgebung EU6 begrenzt zusätzlich zur Partikelmasse auch die Partikelanzahlemission für Ottomotoren. Insbesondere in Kombination mit den ambitionierten CO_2-Emissionszielen stellt dies eine zusätzliche Herausforderung für Ottomotoren mit Direkteinspritzung dar. Zentraler Punkt der Brennverfahrensentwicklung von Ottomotoren mit Direkteinspritzung ist daher die Senkung des Kraftstoffverbauchs bei gleichzeitiger Minimierung der Partikelemissionen. Das hierfür notwendige Verständnis der innermotorischen Vorgänge kann nur durch den gemeinsamen Einsatz einander ergänzender Analysewerkzeuge an optisch zugänglichen Einzylinderaggregaten und der numerischen 3D-CFD-Strömungssimulation gewonnen werden. Dadurch werden jedoch hohe Anforderungen an die 3D-Strömungssimulation insbesondere im Hinblick auf die Prognose der Partikelemissionen gestellt, welche nur mit Hilfe einer entsprechend detaillierten Modellierung erfüllt werden können. Im Rahmen dieser Arbeit wird ein durchgängiger Ansatz zur 3D-Berechnung der innermotorischen Vorgänge, beginnend bei der Injektorinnenströmung über die Einspritzung und Gemischbildung, unter besonderer Berücksichtigung der Spray-Wand-Interaktion, bis hin zur Modellierung der Verbrennung einschließlich der Rußbildung vorgestellt.

Entstehungspunkt der Partikelemissionen im Brennraum sind, ausreichend hohe Temperaturen vorausgesetzt, Zonen mit einem entsprechend niedrigen Luft-Kraftstoff-Verhältnis λ. Prinzipiell sollte bei den hier betrachteten homogen betriebenen Ottomotoren mit Direkteinspritzung die zur Homogenisierung des Gemischs zur Verfügung stehende Zeit ausreichen, um diese kraftstoffreichen Zonen zu vermeiden. Allerdings kann nicht in allen Betriebspunkten eine Benetzung der Brennraumwände mit flüssigem Kraftstoff vermieden werden. Die verzögerte Verdunstung dieses an der Wand abgelagerten Kraftstoffs ist damit jedoch eine wesentliche Quelle für Rußpartikel in Ottomotoren mit Direkteinspritzung. Voraussetzung für die Prognose der Rußemissionen mittels der numerischen Simulation ist somit eine detaillierte Beschreibung der gesamten zugrundeliegenden Modellkette, insbesondere im Hinblick auf die Modellierung der Spray-Wand-Interaktion sowie der Wandfilmdynamik.

Die Validierung der hier vorgestellten Modellierung erfolgte zunächst separat für die einzelnen während der Gemischbildung ablaufenden und im Folgenden beschriebenen Prozesse. Da neben der Spray-Wand-Interaktion die Gemischbildung und damit letztlich auch die Rußbildung in Ottomotoren mit Direkteinspritzung stark vom Ausbreitungsverhalten der Einspritzstrahlen abhängig ist, wurde zunächst die verwendete Modellierung der Einspritzung anhand entsprechender Spraykammermessungen validiert. Dabei konnte gezeigt werden, dass die Injektorinnenströmung einen wichtigen Einfluss auf die anschließende Sprayausbreitung hat. So konnten in der Sprayberechnung durch Initialisierung der Informationen aus der Injektorinnenströmung die strahlindividuellen Unterschiede in der Eindringtiefe sowie die Strukturen der einzelnen Spraystrahlen deutlich besser entsprechend der Messung abgebildet werden. Zudem entfällt der im Fall der konventionellen Initialisierung aufwändige Sprayabgleich größtenteils, wobei jedoch eine zusätzliche Berechnung der Injektorinnenströmung nötig wird.

Die Validierung der Modellierung der Spray-Wand-Interaktion und der Wandfilmdynamik erfolgte mit Hilfe der an der Universität Magdeburg durchgeführten experimentellen Grundsatzuntersuchungen. Dabei stand anhand der mittels Infrarotthermographie gemessenen Wandtemperaturen und einer entsprechend umfangreichen Parametervariation eine breite Basis zur Kalibrierung und Validierung der verwendeten Modellierung zur Verfügung. Hierbei konnte unter Verwendung der im Rahmen dieser Arbeit eingeführten gekoppelten Vorgehensweise zur Ermittlung der instationären Temperaturverteilung auf der Unterseite der Wand gezeigt werden, dass die erweiterte Modellierung der Spray-Wand Interaktion in der Lage ist, die jeweiligen Regime der Spray-Wand Interaktion und die aus der Messung ersichtliche Temperaturabsenkung der Wand gut wiederzugeben. Des Weiteren konnte anhand der ebenfalls an der Universität Magdeburg mittels laserinduzierter Fluoreszenz gemessenen Verteilungen der Wandfilmhöhe dargestellt werden, dass mit Hilfe der gewählten Modellierung unter Berücksichtigung des Einflusses des wandtangentialen Impulses der ankommenden Tropfen auch die Wandfilmdynamik in der Berechnung gut wiedergegeben werden kann. Weiterhin stellte sich im Rahmen dieser Arbeit neben der Injektorinnenströmung die Kraftstoffzusammensetzung als wichtiger Einflussparameter auf die Spray-Wand Interaktion heraus. Um die thermo-physikalischen Stoffeigenschaften und hier insbesondere den großen Siedetemperaturbereich von Benzin bei nur geringfügig höherem Rechenaufwand besser abbilden zu können, wurde ein dreikomponentiger Ersatzkraftstoff definiert. Damit ist im Hinblick auf die im Weiteren betrachtete motorische Anwendung eine deutlich realistischere Abbildung der Spray-Wand-Interaktion möglich.

Im Rahmen der diskutierten Validierung der Modellierung der Spray-Wand-Interaktion und der Wandfilmdynamik konnte gezeigt werden, dass die Oberflächentemperatur der Wand und hier insbesondere die Temperaturabsenkung aufgrund der Spraykühlung einen wichtigen Einfluss auf die bei der Spray-Wand-Interaktion ablaufenden Vorgänge hat.

Um diese Temperaturabsenkung auf der Brennraumoberfläche experimentell bestimmen zu können, wurden Oberflächentemperaturmessungen auf dem Kolben eines gefeuert betriebenen Einzylinderaggregats durchgeführt. Dazu wurden acht schnell ansprechende Oberflächenthermoelemente 300 nm unter der Kolbenoberfläche angebracht und die Signale mittels eines Telemetriesystems vom bewegten Kolben zu einem Datenerfassungssystem übertragen. Um unter anderem den Einfluss des Raildrucks, des Einspritzzeitpunktes und des verwendeten Kraftstoffs auf die Oberflächentemperatur des Kolbens untersuchen zu können, wurde eine umfangreiche Parametervariation durchgeführt. Dabei stellte sich insbesondere der im Vergleich zum schnellen Lastwechsel des Motors sehr langsame Anstieg der Oberflächentemperatur des Kolbens als wesentliche Ursache des im dynamischen Motorbetrieb gemessenen starken Anstiegs der Partikelemissionen heraus.

Die Validierung der gesamten dargestellten Modellkette unter motorischen Bedingungen wurde an vier Teillastbetriebspunkten mit unterschiedlichen Einspritzzeitpunkten und Raildrücken an dem angesprochenen Einzylinderaggregat durchgeführt. Dabei konnte gezeigt werden, dass die verwendete Modellierung in der Lage ist, die Druck- und Brennverläufe der vier Betriebspunkte gut entsprechend der Messung wiederzugeben. Zudem konnten durch Übertragung des im Rahmen der Grundsatzuntersuchungen angewandten Ansatzes zur Modellierung der Wärmeleitung in dünnen Wänden auf motorische Bedingungen die experimentell ermittelten Oberflächentemperaturänderungen durch die Einspritzung und Verbrennung zufriedenstellend reproduziert werden. Somit stand aus dem Zusammenspiel von Simulation und Experiment die Möglichkeit zur Verfügung, die z.B. bei Erhöhung des Raildrucks ablaufenden Phänomene detaillierter zu analysieren. Anhand der abschließend dargestellten Korrelationen zwischen Gemischbildung und Rußemissionen konnte gezeigt werden, dass mit Hilfe der im Rahmen dieser Arbeit erarbeiteten detaillierten Modellierung der Einspritzung und Spray-Wand-Interaktion auch in der heute standardmäßig durchgeführten Analyse der nicht reaktiven Strömung bis zum Zündzeitpunkt erste Aussagen zu potentiell entstehenden Rußemissionen getroffen werden können. Wird weiterhin noch die Verbrennung sowie die Rußbildung und -oxidation über die entsprechende Modellierung berücksichtigt, können detailliertere Aussagen zu den emittierten Rußemissionen, insbesondere bei sehr geringem Emissionsniveau, getroffen werden.

Insgesamt bleibt festzuhalten, dass unter Verwendung des hier vorgestellten Modellierungskonzeptes die Auswirkungen verschiedener die Gemischbildung und Verbrennung beeinflussender Parameter, wie z.B. Einspritzzeitpunkt, Einspritzdruck oder Spraylayout, auf die Partikelemissionen bewertet werden können. Damit kann die Prognose der Partikelemissionen mittels der numerischen Simulation deutlich verbessert werden und somit die ottomotorische Brennverfahrensentwicklung zielführend unterstützt werden.

Abstract

In addition to the particulate mass, the EU6 emission standard also limits the particulate number emissions. This represents an additional challenge for SI-engines with gasoline direct injection, especially in combination with the ambitious CO_2-emission limits. Therefore reducing the fuel consumption, while minimizing the particulate emissions is the key point of the combustion system development for GDI engines. The understanding of the in-cylinder processes, necessary for this purpose, can only be achieved by a complementary use of optically accessible single-cylinder engines as well as the numerical simulation. This however leads to great demands on the 3D flow simulation, in particular with regard to the prognosis of particulate emissions. These can only be met by an appropriately detailed modeling. Therefore, a continuous approach for the 3D-CFD calculation of the in-cylinder processes was introduced in this work. Starting with the internal nozzle flow, used for initializing the subsequent spray calculation, the mixture formation was simulated with particular emphasis on the spray-wall-interaction. Finally, the combustion and the resulting soot emissions were calculated.

Recent results of fundamental gasoline engine research are showing that the starting point for the formation of soot particles is a locally fuel-rich mixture, provided that the temperatures are sufficiently high, ranging from 1500 K to 2200 K. In stoichiometric operated gasoline engines the mixture formation time available between the end of injection and the start of ignition should prevent the existence of such locally very fuel-rich zones in the gas phase. However, due to the delayed evaporation of the fuel deposited on the wall, the wetting of the combustion chamber walls with liquid fuel, which is almost unavoidable in all operating points, can be an important soot source in GDI engines. In order to analyze the sources of soot formation by means of numerical simulation a detailed description of the underlying model chain is a crucial prerequisite. Special emphasis has to be spent on the modeling of the spray-wall-interaction and the wall film dynamics.

In order to be able to investigate the individual, partially superimposed, processes in more detail, the validation of the used modeling was done separately for each process in the first instance. As the spray-wall-interaction as well as the mixture formation and thus finally also the soot formation is depending on the spray propagation, first the used spray modeling was validated. This was done on the basis of appropriate spray chamber measurements. Thereby it could be shown that, the internal nozzle flow is an important parameter influencing the subsequent spray formation. Especially important local spray characteristics, like the individual penetration length of each spray beam, can be represented in a much better accordance to the measurement by considering the internal nozzle flow. Additionally, the extensive spray model calibration, necessary in the case of the conventional initialization, can be omitted. However, an additional calculation of the internal nozzle flow is necessary.

The validation of the spray-wall-interaction and the wall film dynamics was done using the basic experimental investigations conducted at the University of Magdeburg. Based on the measured wall temperature distributions, using the infrared thermography, and a correspondingly extensive parameter variation, a large data base for the calibration and validation of the used modeling was available. By using the coupled approach, introduced in this work, it could be shown that the extended spray-wall-interaction modeling is able to capture the respective spray-wall-interaction regime as well as the measured temperature drop. Furthermore, the fluorescence-based experimental studies conducted at the University of Magdeburg offered a very good option to validate the numerical simulations with regard to the calculated film heights and hence with regard to the calculated wall film mass. Thereby it could be shown that, the used modeling, especially considering the tangential momentum of the impinging droplets, is able to reproduce the essential parameters like the mean wall film height, the mean wall film area and thus also the mean wall film mass in good correspondence to the measurement. Besides the internal nozzle flow, the fuel composition was derived as an important parameter influencing the spray-wall-interaction. To keep the computational effort as small as possible, the thermo-physical properties of gasoline should be considered with a low number of fuel components. For this reason, a three-component surrogate fuel was defined enabling a much more detailed consideration of the spray-wall interaction process, especially with regard to the application in an engine CFD-calculation.

In the context of the validation of the mentioned spray-wall interaction and wall film models based on basic experimental investigations it could be shown that the respective surface temperature, and especially the temperature drop due to the spray-cooling, is an important parameter influencing the spray-wall interaction. Thus, in order to quantify this temperature drop, surface temperature measurements on the piston of a fired single-cylinder engine were conducted. Therefore, eight fast-response thermocouples were embedded 300 nm beneath the piston surface and the signals were transmitted from the moving piston to the data acquisition system via telemetry. Extensive parameter variations were performed, in order to investigate the influence of e.g. the rail pressure, the engine load and the engine speed on the surface temperature of the piston.In particular the very slow increase of the piston surface temperature in comparison to the fast increase of the engine load could be determined as the main cause of the rise in particulate emissions during dynamic engine operation.

The validation of the entire model chain under relevant engine operating conditions was done based on the results of the aforementioned optically-accessible single-cylinder engine. Four part-load operating points were considered, differing mainly in the used injection timing and the chosen rail pressure. By using the extended modeling a satisfactory agreement between the measured and the calculated cylinder pressure traces as well as the cumulative heat release could be shown. Applying the aforementioned approach of modeling the heat conduction in thin walls in the engine CFD calculations, both, the temperature drop due to the spray-cooling as well as the temperature rise due to the combustion can be reproduced satisfactorily by the numerical simulation. Thus, by combining experimental and numerical investigations the subsiding processes can be analyzed in more detail. Provided that the detailed modeling of the injection and the spray-wall-interaction developed in this work is used, first statements regarding the potentially emitted soot emissions can be made on the basis of the numerical simulation of the mixture formation up to the ignition point, by correlating the mixture formation with the soot emissions. If additionally the combustion as well as the soot formation and -oxidation is taken into account, detailed qualitative predictions regarding the emitted soot emissions, even at a very low emission level, can be made.

In summary, the effect of different parameters influencing the mixture formation, like e.g. the start of injection, the rail pressure or different injector layouts on the particulate emissions can be evaluated by using the detailed modeling developed in this work. Thus the prediction of particulate emissions by numerical simulation in a GDI engine could be improved considerably, gainfully supporting the combustion system development of GDI engines.

Kapitel 1

Einleitung und Zielsetzung

Aufgrund der rasanten wirtschaftlichen Entwicklung, welche ein immer höheres Maß an Mobilität erfordert, hat sich der nun seit über 125 Jahren existierende Verbrennungsmotor zu der dominierenden Antriebstechnologie des Automobils entwickelt. Vor dem Hintergrund der limitierten Ressourcen fossiler Brennstoffe und der in letzter Zeit zunehmenden Forderung nach umweltverträglicher individueller Mobilität, steht die Reduktion des Kraftstoffverbrauchs und damit der CO_2-Emissionen bei gleichbleibender oder gar gesteigerter Motorleistung im Fokus der Entwicklungen. Trotz zunehmender Zulassungszahlen elektrifizierter Antriebsstränge wird dabei der Verbrennungsmotor selbst in den nächsten Jahren die größten Beiträge zur Reduzierung der CO_2-Emissionen liefern müssen. In diesem Zusammenhang bietet die Benzindirekteinspritzung als eine Schlüsseltechnologie die größten Potentiale zur Erfüllung der geforderten CO_2-Ziele.

Zusätzlich zu den bereits limitierten Schadstoffen Kohlenmonoxid, Stickoxide, unverbrannte Kohlenwasserstoffe und Partikelmasse wird im Rahmen der ab September 2014 in Kraft tretenden Emissionsgesetzgebung EU6 erstmalig auch ein Grenzwert der emittierten Partikelanzahl für Ottomotoren mit Direkteinspritzung festgelegt (vgl. [1]). Wie Abbildung 1.1 zu entnehmen, wurde dieser technologieneutral auf den schon für Dieselmotoren gültigen Wert festgelegt. Weiterhin besteht im Rahmen einer dreijährigen Einführungsphase die Möglichkeit, einen erweiterten Grenzwert von $6 \cdot 10^{12}$ Partikel/km zur Zertifizierung heranzuziehen. Eine zusätzliche Forderung der EU6c-Gesetzgebung ist, dass die Reduktion der Partikelemissionen nicht allein auf den Zertifizierungszyklus beschränkt sein darf, sondern im gesamten fahrbaren Kennfeld erfolgen muss. Zur Überprüfung der Fahrzeuge wird daher neben dem NEFZ-Zertifizierungszyklus eine Erfassung der Emissionen unter realitätsnahen Bedingungen obligatorisch [1]. Insgesamt stellt der finale Wert der Partikelanzahl für EU6c verglichen mit den im Rahmen der EU5-Abgasgesetzgebung bisher gültigen Grenzwerten der Partikelmasse eine wesentlich höhere Anforderung für Ottomotoren mit Direkteinspritzung dar. Aus diesem Grund ist, um den diskutierten Grenzwert

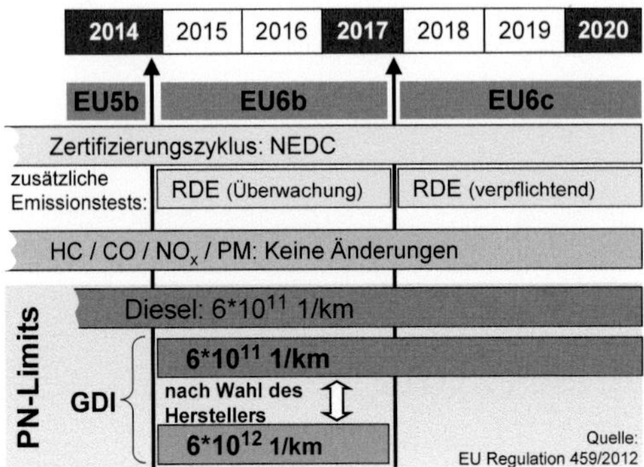

Abbildung 1.1: Skizzierte Darstellung der Schritte zur Einführung der EU6-Emissionsgesetzgebung, nach [1]

der Partikelanzahl von $6 \cdot 10^{11}$ Partikel/km ohne eine zusätzliche Abgasnachbehandlung erreichen zu können, eine effiziente Optimierung der innermotorisch ablaufenden Prozesse wie der Gemischbildung und der Verbrennung erforderlich. Diese kann jedoch nur im Zusammenspiel zwischen experimentellen und numerischen Untersuchungen erreicht werden, wobei insbesondere die numerische Strömungssimulation die Möglichkeit einer detaillierten Analyse der innermotorischen Prozesse erlaubt. Ergebnisse der ottomotorischen Grundlagenforschung zeigen, dass neben hohen Temperaturen im Bereich von 1500 K bis 2200 K ein sehr kraftstoffreiches Gemisch ausschlaggebend für die Partikelentstehung ist (vgl. Kubach et al. [2]). Da bei den hier betrachteten stöchiometrisch betriebenen Ottomotoren eine relativ lange Gemischbildungszeit zur Verfügung steht, sollten lokal kraftstoffreiche Zonen eigentlich kaum existieren. Aus einigen früheren Untersuchungen, z.B. Velji et al. [3], ist jedoch bekannt, dass die Benetzung der Brennraumwände mit flüssigem Kraftstoff zu einer intensiven Partikelbildung führt. Der dabei entstehende Wandfilm verdunstet langsam und kann in der dann nur noch sehr geringen verbleibenden Zeit bis zum Beginn der Verbrennung nicht mehr ausreichend homogenisiert werden. Diese lokal kraftstoffreichen Zonen in Wandnähe stellen dann ideale Bedingungen für die Partikelbildung im Motor dar. Somit ist für eine zuverlässige Analyse der Rußquellen mittels der numerischen Simulation eine detaillierte Beschreibung der gesamten in Abbildung 1.2 dargestellten Phänomene wichtig. Insbesondere vor dem Hintergrund der aktuellen Entwicklung hin zu höheren Einspritzdrücken, von aktuell ca. 100 – 200 bar auf zukünftig bis zu 350 bar, ist jedoch eine genaue Berücksichtigung der Spray-Wand-Wechselwirkung sowie der Wandfilmdynamik entscheidend. Ziel der Arbeit ist es daher, anhand entsprechender experimenteller und numerischer Grundlagenuntersuchungen eine detaillierte und robuste Beschreibung der oben genannten Phänomene zu erarbeiten. Dabei sollen zunächst die wesentlichen

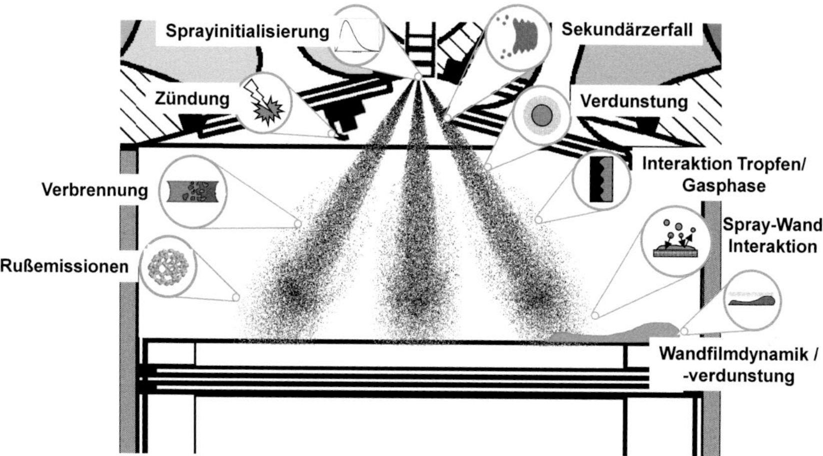

Abbildung 1.2: Skizzierte Darstellung der Modellkette zur Analyse der Rußquellen in der numerischen Simulation

der in Ottomotoren mit Direkteinspritzung für die Spray-Wand-Interaktion relevanten Phänomene analysiert und bewertet werden. Im weiteren sollen die vorhandenen Modellierungsansätze bewertet und gegebenenfalls weiterentwickelt werden. Nach der separaten Kalibrierung und Validierung der einzelnen Modelle sollen diese gekoppelt und die gesamte Modellkette sowohl in generischen Fällen als auch in realen Motoranwendungen validiert werden. Aufbauend darauf sollen die Potentiale der numerischen Strömungssimulation zur Prognose der Partikelemissionen in Ottomotoren mit Direkteinspritzung analysiert werden. Anhand des erarbeiteten Modellierungskonzeptes soll dann die Bewertung der Auswirkungen verschiedener die Gemischbildung und Verbrennung beeinflussender Parameter, wie z.B. unterschiedlicher Einspritzzeitpunkte, Einspritzdrücke oder Spraylayouts, auf die emittierten Partikelemissionen ermöglicht werden und somit die ottomotorische Brennverfahrensentwicklung zielführend unterstützt werden.

Kapitel 2

Grundlagen zur Berechnung turbulenter, reaktiver Mehrphasenströmungen

2.1 Ansätze zur Modellierung der vorliegenden Strömungsphänomene

Die strömungsmechanische Simulation erlaubt eine detaillierte physikalische Beschreibung der innermotorisch ablaufenden Prozesse. Diese verlaufen stets instationär, kompressibel, turbulent und reaktiv. Zusätzlich müssen im Fall der hier betrachteten Ottomotoren mit Direkteinspritzung Zweiphasenströmungen berücksichtigt werden. Dabei wird die in Abschnitt 2.2 erläuterte kontinuierliche Gasphase in der Euler'schen Formulierung, d. h. mit ortsfestem Bezugssystem, betrachtet. Da es sich im Fall der Benzindirekteinspritzung, abgesehen vom Düsennahbereich, um ein verdünntes Spray handelt, kann die in Abschnitt 2.3 beschriebene disperse Flüssigphase anhand der Lagrange'schen Betrachtungsweise, d. h. anhand mitbewegter Bezugssysteme, beschrieben werden. Dabei wird häufig, um den aus einigen Millionen Tropfen bestehenden Einspritzstrahl in vertretbarer Rechenzeit modellieren zu können, die sogenannte *Discrete Droplet Method* (s. Dukowicz [4]) verwendet. Hierbei werden die tatsächlich vorhandenen Tropfen zu numerischen Paketen zusammengefasst, welche Tropfen mit gleichen Eigenschaften beinhalten. Die Kopplung zwischen disperser Flüssigphase und kontinuierlicher Gasphase erfolgt dann mittels der entsprechenden Quellterme in den im folgenden Abschnitt beschriebenen Erhaltungsgleichungen. Diese Erhaltungsgleichungen bilden die Grundlage für die in den weiteren Abschnitten dargestellten Ansätze zur Modellierung der Gemischbildung und Verbrennung. Auf eine ausführliche Herleitung und Beschreibung der Gleichungen wird dabei verzichtet. Diese können den Standardwerken der Strömungsmechanik entnommen werden (siehe z.B. Ferziger et al. [5], Laurien et al. [6], Schlichting et al. [7]).

2.2 Gasphase

2.2.1 Grundgleichungen der Strömungsmechanik

An dieser Stelle sollen zunächst kurz die fundamentalen Gleichungen zur Berechnung von reaktiven Gasgemischen erläutert werden. Das Fundament hierfür bilden die Navier-Stokes-Gleichungen. Dabei ist anzumerken, dass korrekterweise lediglich die drei Komponenten der Impulsgleichung als Navier-Stokes-Gleichungen bezeichnet werden. Dennoch werden in der modernen Literatur sowie auch im Rahmen dieser Arbeit Kontinuitäts-, Energie- und Impulsgleichung als Navier-Stokes-Gleichungen bezeichnet.

Kontinuitätsgleichung In differentieller Form, nach der Einsteinschen Summationskonvention geschrieben, lautet die Kontinuitätsgleichung

$$\frac{\partial \rho}{\partial t} + \frac{\partial}{\partial x_i}(\rho u_i) = \dot{\rho}^s \qquad i = 1, .., 3 \,, \tag{2.1}$$

wobei ρ die Dichte des Gasgemisches und u_i den Geschwindigkeitsvektor bezeichnet. Der Quell- bzw. Senkenterm $\dot{\rho}^s$ beschreibt den Massenaustausch zwischen Flüssig- und Gasphase durch Verdampfung oder Kondensation, wobei die Flüssigphase in diesem Fall, wie in Kapitel 2.3.1 beschrieben, nicht als kontinuierliche Phase sondern mittels diskreter Tropfen modelliert wird. Da in innermotorischen Prozessen die Fluideigenschaften stets Funktionen der Gemischzusammensetzung sind, muss diese zeitlich und lokal bekannt sein. Dazu müssen Erhaltungsgleichungen für alle Einzelspezies gelöst werden. Unter der Annahme stark verdünnter Gase darf die Diffusionskonstante näherungsweise für alle Spezies gleich angenommen werden (vgl. Warnatz et al. [8]). Damit ergibt sich die Transportgleichung des Massenbruchs Y_m der Spezies m zu

$$\frac{\partial \rho Y_m}{\partial t} + \frac{\partial \rho Y_m u_i}{\partial x_i} = \frac{\partial}{\partial x_i}\left(D \frac{\partial \rho Y_m}{\partial x_i}\right) + \rho \dot{r} \,. \tag{2.2}$$

Dabei definiert der erste Term auf der rechten Seite die molekulare Diffusion der Spezies m entsprechend dem Fickschen Gesetz als proportional zu ihrem Konzentrationsgradienten. $\rho \dot{r}$ berücksichtigt die Änderungen aufgrund Tropfenverdunstung und Verbrennung.

Impulserhaltungsgleichung Die Impulserhaltungsgleichungen leiten sich aus dem ersten Newtonschen Gesetz ab. Dieses besagt, dass die Impulsänderung gleich der Summe aller äußeren Kräfte ist. Damit lautet die Impulserhaltungsgleichung in differentieller Form

$$\rho\frac{\partial u_i}{\partial t} + \rho u_j\frac{\partial u_i}{\partial x_j} = \frac{\partial}{\partial x_j}\sigma_{ij} - \frac{\partial p}{\partial x_i} + \dot{F}^s + \rho g_i \,. \tag{2.3}$$

Der viskose Spannungstensor σ_{ij} mit

$$\sigma_{ij} = \mu\left(\frac{\partial u_i}{\partial x_j} + \frac{\partial u_j}{\partial x_i} - \frac{2}{3}\partial_{ij}\frac{\partial u_k}{\partial x_k}\right) \tag{2.4}$$

beschreibt hierbei die viskosen Kräfte und damit den Impulsaustausch durch die Molekülbewegung des Gases. Weiterhin berücksichtigt ρg_i die Schwerkraft mit der Erdbeschleunigung g und $\dot{F}^s$ die dynamischen Kräfte der Flüssigphase.

Energieerhaltungsgleichung Als weitere physikalische Erhaltungsgröße wird an dieser Stelle die innere Energie eingeführt. Das Prinzip der Energieerhaltung ergibt sich aus dem ersten Hauptsatz der Thermodynamik, der die zeitliche Änderung der inneren Energie als Summe aus Wärmestrom und Arbeit durch die jeweiligen Oberflächen- und Volumenkräfte pro Zeiteinheit beschreibt. Somit lautet die Erhaltungsgleichung der inneren Energie e

$$\frac{\partial(\rho e)}{\partial t} + \frac{\partial(\rho u_i e)}{\partial x_i} = \sigma_{ij}\frac{\partial u_i}{\partial x_j} - p\frac{\partial u_i}{\partial x_i} + \frac{\partial}{\partial x_i}\left(\lambda\frac{\partial T}{\partial x_i} - \rho D\sum_m h_m\frac{\partial Y_m}{\partial x_i}\right) + \dot{Q}^c + \dot{Q}^s \,. \tag{2.5}$$

Dabei repräsentieren die Terme auf der linken Seite die zeitliche Änderung und die Konvektion der inneren Energie. Der erste Term auf der rechten Seite entspricht einer Arbeit durch Reibungskräfte, der zweite Term einer Volumenarbeit und der dritte Term einer Wärmeleitung und Enthalpiediffusion. Letzterer beschreibt sowohl die Zu- als auch die Abfuhr thermischer Energie über die Kontrollvolumenoberfläche und setzt sich aus der Fourier'schen Wärmeleitung mit der Wärmeleitfähigkeit λ und der Enthalpiediffusion entsprechend dem Fickschen Gesetz zusammen. Die Quellterme $\dot{Q}^c$ und $\dot{Q}^s$ stellen den Beitrag durch chemische Reaktionen und Tropfenverdampfung dar.

Die Erhaltungsgleichungen für Masse, Impuls und Energie bilden die Grundlage für die dreidimensionale Strömungsberechnung und beschreiben prinzipiell sowohl laminare als auch, mit entsprechend erhöhtem Rechenaufwand, turbulente Strömungen. Die numerische Berechnung dieser turbulenten Strömungen kann abhängig vom Detaillierungsgrad der Auflösung der turbulenten Skalen unterschieden werden. Eine Auflösung aller turbulenter Skalen ist dabei nur mit Hilfe der *direkten numerischen Simulation* (DNS) möglich. Aufgrund der in Ottomotoren mit Direkteinspritzung vorhandenen großen Bandbreite physikalisch relevanter Längen- und Zeitskalen wäre hier eine sehr feine zeitliche und örtliche Diskretisierung notwendig. Damit ergeben sich jedoch immense Rechenzeiten, wodurch die DNS auf absehbare Zeit für die Simulation motorischer Strömungen nicht in Frage kommen wird.

Ein Berechnungsansatz, der aktuell auch bei motorischen Anwendungen zunehmend an Bedeutung gewinnt, ist die *Grobstruktursimulation* (LES). Hierbei werden die turbulenten Strukturen aller makroskopisch relevanten Wirbelstrukturen direkt abgebildet. Lediglich die Beiträge der kleineren Wirbelklassen werden durch Turbulenzmodelle, sogenannte *Subgrid-Modelle*, beschrieben. Allerdings bestehen auch hier noch sehr hohe Anforderungen an Numerik und Netzqualität, weshalb im Bereich der motorischen Strömungssimulation auch weiterhin die statistische Beschreibung der Turbulenz durch Lösung der *Reynolds-gemittelten Navier-Stokes-Gleichungen* (RANS) dominiert. Bei der angesprochenen Reynoldsmittelung (vgl. Ferziger et al. [5]) wird jede in Zeit und Raum variable Strömungsgröße ϕ in eine mittlere Größe $\bar{\phi}(x)$ und eine turbulente Schwankungsgröße $\phi'(x,t)$ zerlegt.

$$\phi(x,t) = \bar{\phi}(x) + \phi'(x,t)\ . \tag{2.6}$$

Die hier betrachtete innermotorische Strömung ist jedoch im allgemeinen statistisch instationär, weshalb keine Zeitmittelung verwendet werden kann. Stattdessen wird $\bar{\phi}(x,t)$ mittels einer Ensemblemittelung bestimmt:

$$\bar{\phi}(x,t) = \lim_{N\to\infty} \frac{1}{N} \sum_{n=1}^{N} \phi(x,t)\ , \tag{2.7}$$

wobei N die Anzahl der Ensemblemitglieder ist. Wird die in Gleichung 2.6 dargestellte Zerlegung nun auf die in den in Abschnitt 2.2.1 erläuterten Navier-Stokes-Gleichungen enthaltenen Strömungsgrößen angewandt und anschließend eine zeitliche Mittelung der jeweiligen Gleichung durchgeführt, ergeben sich die angesprochenen *Reynolds-gemittelten Navier-Stokes-Gleichungen* (vgl. z. B. Laurien et al. [6]). Diese Reynolds-gemittelten Erhaltungsgleichungen enthalten neue, unbekannte Terme, die Reynoldsspannungen $\widetilde{\bar{\rho} u_i'' u_j''}$, welche den turbulenzbedingten Impulsaustausch darstellen. Damit sind die RANS-Gleichungen nicht geschlossen. Zur Schließung des RANS-Gleichungssystems müssen diese somit modelliert werden, was durch die im folgenden Abschnitt erläuterten Turbulenzmodelle geschieht.

2.2.2 Turbulenzmodellierung

Aufgabe der Turbulenzmodelle ist, wie in Abschnitt 2.2.1 angesprochen, die Modellierung des Reynolds-Spannungstensors τ. Einer der verbreitetsten Ansätze hierzu beruht auf dem Wirbelviskositätsprinzip nach Boussinesq [9]. Dabei wird der durch turbulente Geschwindigkeitsfluktuationen verursachte Impulsaustausch durch Einführung einer Wirbelviskosität μ_t ermittelt (vgl. Ferziger et al. [5])

$$\tau = -\bar{\rho}\widetilde{u_i''u_j''} = \mu_t \left(\frac{\partial \tilde{u}_i}{\partial x_j} + \frac{\partial \tilde{u}_j}{\partial x_i} \right) - \frac{2}{3}\bar{\rho}k\delta_{ij} \,. \tag{2.8}$$

Hierbei stellt k die turbulente kinetische Energie dar

$$k = \frac{1}{2}\widetilde{u_i''u_i''} \,. \tag{2.9}$$

Die turbulente Viskosität μ_t wird in dem häufig verwendeten Zwei-Gleichungs-k-ϵ-Modell, welches von Launder und Spalding [10] für voll turbulente Strömungen entwickelt wurde, als Funktion der turbulenten kinetischen Energie k und der Dissipationsrate der turbulenten kinetischen Energie ϵ berechnet

$$\mu_t = C_\mu \bar{\rho}\frac{k^2}{\epsilon} \,. \tag{2.10}$$

Die zur Bestimmung der lokalen Verteilung der turbulenten Viskosität μ_t benötigten Werte für k und ϵ lassen sich mit Hilfe zweier Transportgleichungen der turbulenten kinetischen Energie k

$$\frac{\partial(\bar{\rho}k)}{\partial t} + \frac{\partial(\bar{\rho}\tilde{u}_j k)}{\partial x_j} = \frac{\partial}{\partial x_j}\left[\left(\mu + \frac{\mu_t}{Pr_k}\right)\frac{\partial k}{\partial x_j}\right] - \bar{\rho}\widetilde{u_i''u_j''}\frac{\partial(\tilde{u}_i)}{\partial x_j} - \bar{\rho}\epsilon \tag{2.11}$$

und deren Dissipation ϵ ermitteln

$$\begin{aligned} \frac{\partial(\bar{\rho}\epsilon)}{\partial t} + \frac{\partial \bar{\rho}\tilde{u}_j\epsilon}{\partial x_j} =& \frac{\partial}{\partial x_j}\left[\left(\mu + \frac{\mu_t}{Pr_\epsilon}\right)\frac{\partial \epsilon}{\partial x_j}\right] \\ &- C_{\epsilon 1}\frac{\epsilon}{k}\bar{\rho}\widetilde{u_i''u_j''}\frac{\partial(\tilde{u}_i)}{\partial x_j} - C_{\epsilon 2}\bar{\rho}\frac{\epsilon^2}{k} - \left(\frac{2}{3}C_{\epsilon 1} - C_{\epsilon 3}\right)\bar{\rho}\epsilon\frac{\partial(\tilde{u}_i)}{\partial x_j} \,. \end{aligned} \tag{2.12}$$

Die im $k-\epsilon$-Modell standardmäßig verwendeten Modellkonstanten (s. Gleichung 2.11, 2.12) sind in untenstehender Tabelle 2.1 aufgeführt. Bei der Anwendung der Wirbel-

Tabelle 2.1: Standardkonstanten des $k-\epsilon$-Modells

C_μ	Pr_k	Pr_ϵ	$C_{\epsilon 1}$	$C_{\epsilon 2}$	$C_{\epsilon 3}$
0.09	1.0	1.33	1.44	1.92	-0.33

viskositätsmodelle ist jedoch zu beachten, dass die Annahme der Wirbelviskosität als skalare, richtungsunabhängige Größe nur für den Fall hochturbulenter Strömungen mit isotroper Turbulenz gilt. Diese Annahmen gelten daher in der laminaren Grenzschicht in Wandnähe, in welcher die Geschwindigkeit aufgrund der Reibung auf Null abfällt, nicht mehr. Um diese Problematik umgehen zu können, müssen zusätzliche Wandfunktionen genutzt werden. Eine ausführliche Erläuterung der Wandfunktionen kann beispielsweise Ferziger et al. [5], bzw. Laurien et al. [6] entnommen werden.

Die Ableitung dieser Wandfunktionen erfolgte allerdings im Allgemeinen unter der Annahme stationärer, wandparalleler Strömungen. Dies ist jedoch insbesondere in Motoren nicht der Fall, da sich hier die Turbulenzgrößen in Wandnähe oft rapide ändern können. Ein Ansatz, dieses Problem zu umgehen, ist das von Durbin [11] entwickelte $v^2 - f$-Modell. Dieses verwendet statt der Gleichung für ϵ und den aufgrund der niedrigen Reynoldszahlen notwendigen Modifikationen in Wandnähe eine Gleichung für die Fluktuation der wandnormalen Geschwindigkeitskomponente v^2 sowie eine Gleichung für eine Dämpfungsfunktion f. Nachteil dieses Modells ist die Sensitivität hinsichtlich der Netzauflösung in Wandnähe und die damit verbundene numerische Instabilität. Diesen Nachteil versucht das $k - \zeta - f$-Modell nach Hanjalic et al. [12], welches auch im Rahmen dieser Arbeit angewandt wird, durch Einführung eines Geschwindigkeitsverhältnisses $\zeta = \frac{v^2}{k}$ anstatt der wandnormalen Geschwindigkeitskomponente v^2 zu umgehen. Zusätzlich zu den Transportgleichungen der turbulenten kinetischen Energie k und der turbulenten Dissipation ϵ müssen dazu zwei weitere Transportgleichungen für das Geschwindigkeitsverhältnis ζ und die Dämpfungsfunktion f gelöst werden.

$$\frac{\partial(\bar{\rho}\zeta)}{\partial t} = \bar{\rho}f - \bar{\rho}\frac{\zeta}{k}\widetilde{u_i'u_j'}\frac{\partial(\tilde{u}_i)}{\partial x_j} + \frac{\partial}{\partial x_j}\left[\left(\mu + \frac{\mu_t}{\sigma_\zeta}\right)\frac{\partial \zeta}{\partial x_j}\right] \tag{2.13}$$

$$f - L^2\frac{\partial^2 f}{\partial x_j \partial x_j} = \left(C_1 + C_2\frac{\widetilde{u_i'u_j'}\frac{\partial(\tilde{u}_i)}{\partial x_j}}{\zeta}\right)\frac{\frac{2}{3} - \zeta}{T} \tag{2.14}$$

Dabei ist T die turbulente Zeitskala, L die Längenskala und C_1, C_2 entsprechende Modellkonstanten (siehe Hanjalic et al. [12]). Für dieses $k - \zeta - f$-Modell sind vier Transportgleichungen zu lösen, was den Rechenaufwand im Vergleich zum oben erläuterten $k - \epsilon$-Modell leicht erhöht. Allerdings bietet dieses eine bessere Modellierung der Wandgrenzschicht bei gleichzeitig hoher numerischer Stabilität.

2.2.3 Numerisches Lösungsverfahren

Die in den Abschnitten 2.2.1 und 2.2.2 erläuterten Grundgleichungen bilden ein System von gekoppelten, nichtlinearen, partiellen Differentialgleichungen und stellen damit die mathematische Beschreibung einer turbulenten Strömung dar. Dieses ist jedoch für komplexe Strömungen nicht analytisch lösbar, weshalb hier numerische Lösungsmethoden erforderlich sind. Im Rahmen dieser Arbeit wurde der numerische Strömungslöser FIRE der Firma AVL List GmbH [13] verwendet. Die Berechnung der Gasphase in FIRE basiert auf der Finite-Volumen-Methode. Dabei werden die Erhaltungsgleichungen für jedes diskrete Volumen gelöst. Der wesentliche Vorteil dieses Verfahrens liegt in dessen konservativer Eigenschaft und somit in der Gewährleistung der Erhaltung der Strömungsgrößen. Für die räumliche Diskretisierung stehen verschiedene Verfahren zur Verfügung, die sich im

Wesentlichen hinsichtlich ihrer Genauigkeitsordnung sowie der numerischen Stabilität unterscheiden. So sind Diskretisierungsschemata erster Ordnung, wie z.B. das Upwind-Verfahren, bei welchem die Strömungsgrößen durch den Wert der stromauf liegenden Zelle approximiert werden, sehr stabil, besitzen allerdings auch einen Interpolationsfehler erster Ordnung (vgl. Laurien et al. [6]). Diskretisierungsverfahren zweiter Ordnung, wie das Central Differencing Scheme, bei dem die Werte der Strömungsgrößen aus benachbarten Werten interpoliert werden, besitzen dagegen einen Interpolationsfehler zweiter Ordnung, bei allerdings deutlich geringerer Stabilität (vgl. Merker et al. [14]). Analog zur räumlichen Diskretisierung existieren auch für die zeitliche Diskretisierung eine Vielzahl verschiedener Verfahren. So wird zwischen Ein- und Mehrschrittverfahren sowie zwischen expliziten und impliziten Verfahren unterschieden. Für weitere Details zu den verschiedenen Diskretisierungsverfahren wird an dieser Stelle auf die einschlägige Literatur verwiesen, siehe z.B. Ferziger et al. [5], Laurien et al. [6]. Zur Lösung des aus der Diskretisierung entstandenen nichtlinearen Gleichungssystems wird in FIRE [13] sowohl bei kompressiblen als auch bei inkompressiblen Strömungen ein numerisch entkoppelter Löser verwendet. Um die Erhaltungsgleichungen für Masse und Impuls zu lösen, wird im Fall inkompressibler Strömung ein dem SIMPLE-Verfahren (Semi Implicit Pressure Linked Equation) (s. Patankar et al. [15]) ähnliches Druckkorrekturverfahren verwendet, wobei die in den Impulsgleichungen berechneten Werte für Druck und Geschwindigkeit iterativ so korrigiert werden, dass sie auch die Kontinuitätsgleichung erfüllen. Im Fall kompressibler Strömungen wird die Druckkorrekturgleichung mit Hilfe einer Zustandsgleichung zur Korrektur der Dichte verwendet.

2.3 Flüssigphase

2.3.1 Modellierung der Zweiphasenströmungen

Zweiphasenströmungen treten im Kontext der motorischen Strömungssimulation und damit auch im Rahmen dieser Untersuchungen in verschiedenen Bereichen wie z.B. bei der Modellierung der Einspritzung (s. Abschnitt 4.1) oder der Berechnung der Injektorinnenströmung (s. Abschnitt 4.2) auf. Als Phase werden in dieser Arbeit, entsprechend der bei Laurien et al. [6] eingeführten Nomenklatur, getrennte Bereiche nicht mischbarer Fluide, z. B. verschiedene Aggregatzustände (gasförmig, flüssig, fest), bezeichnet. Dagegen werden die unterschiedlichen Stoffe, aus denen die Phasen bestehen, als Komponenten bezeichnet. Bei der angesprochenen Berechnung der Injektorinnenströmung wird beispielsweise sowohl n-Heptan in flüssigem und gasförmigem Aggregatzustand als auch Luft in gasförmigem Aggregatzustand berücksichtigt. Es handelt es sich hier demnach um eine Zweikomponenten-Zweiphasenströmung. Diese wird als Blasenströmung bezeichnet, da in diesem Fall die gasförmige Phase (Luft, Kraftstoffdampf) dispers und die flüssige Phase (Kraftstoff) kontinuierlich ist. Zur Berechnung dieser Blasenströmungen wird in dieser Arbeit die Euler-Methode auf die beiden Phasen flüssiger und gasförmiger Kraftstoff bzw. Luft angewandt, d.h. beide Phasen werden als Kontinua betrachtet. Die Phasengrenzfläche und damit der Volumenanteil der jeweiligen Phase in einem Kontrollvolumen wird nach der Volume of Fluid Methode (vgl. Hirt et al. [16]) unter Berücksichtigung einer zusätzlichen Transportgleichung für den Volumenanteil berechnet. Da in diesem Fall angenommen wird, dass es keine Relativgeschwindigkeit zwischen den beiden Phasen gibt, kann vereinfachend das Homogene Mehrphasenmodell (siehe z.B. Laurien et al. [6]) verwendet werden. Somit teilen sich alle Phasen ein gemeinsames Geschwindigkeitsfeld und es muss nur ein Satz Impulsgleichungen gelöst werden. Weiterhin wird im aktuellen Fall unter der Annahme eines sehr großen Wärmeübergangs zwischen den Phasen die Strömung durch ein gemeinsames Feld für die Temperatur beschrieben. Im Rahmen dieser Arbeit werden die Berechnungen zur Injektorinnenströmung mit dem CFX-Solver der Fa. Ansys durchgeführt. Für weitere Details zu der hier erläuterten Modellierung sei auf das Ansys Manual [17] verwiesen.

Das Spray der Benzindirekteinspritzung wird hingegen als Tropfenströmung bezeichnet. Hier bildet sich am Spritzlochaustritt ein flüssiger Freistrahl, in welchem aufgrund aerodynamischer Kräfte Störungen angefacht werden, welche zusammen mit der Turbulenz der Strömung einen Aufbruch des Strahls in Flüssigkeitsligamente und Tropfen bewirken. Typischerweise besteht ein solcher Einspritzstrahl aus einigen Millionen Tropfen, die somit nicht mehr mit vertretbarem Rechenaufwand deterministisch berechenbar sind. Aus diesem Grund wird, entsprechend Baumgarten [18], die Tropfendynamik statistisch, durch Einführung einer Tropfenverteilungsdichte f_{Tr} mit:

$$f_{Tr}\left(\vec{x}, \vec{u}, r, T, t\right) d\vec{u} dr dT \tag{2.15}$$

beschrieben. Diese beschreibt dabei die Wahrscheinlichkeit, am Ort $\vec{x}$ zur Zeit t einen Tropfen mit einer Geschwindigkeit $\vec{u}$, einem Radius r und einer Temperatur T zu finden. Ausgehend von der *Boltzmann-Gleichung* der kinetischen Gastheorie zur Beschreibung der mikroskopischen Dynamik von Atomen und Molekülen hat Williams [19] diese auf die Tropfendynamik übertragen. Diese sogenannte *Strahlgleichung* bildet die Basis für alle Strahlmodelle. Da es sich hierbei jedoch um eine hochdimensionale, partielle Differentialgleichung handelt, ist diese nicht direkt lösbar. Zur numerischen Lösung der Strahlgleichung wird daher häufig, wie auch im Rahmen dieser Arbeit, ein stochastisches Tropfenmodell, basierend auf der Monte-Carlo-Simulation, verwendet. Bei dieser sogenannten *Discrete Droplet Method* (vgl. Dukowicz et al. [4]) wird die Tropfenverteilungsdichte f_{Tr} durch hinreichend viele repräsentative Teilchen, sogenannte Partikel, diskretisiert, d.h. die gesamten Tropfen des Sprays werden durch eine diskrete Anzahl an Tropfenpaketen abgebildet. Insgesamt stellen die einzelnen Partikel somit Elemente der Tropfenströmung dar, die diese anhand mitbewegter Bezugspunkte beschreiben (Lagrange'sche Betrachtungsweise).

Die Partikelanzahl sollte dabei allein aus dem Gesichtspunkt der statistischen Konvergenz ermittelt werden, ist jedoch völlig unabhängig von der eigentlichen Anzahl der Tropfen. Aufgrund der vergleichsweise geringen Rechenzeitanforderungen ist diese sogenannte Euler-Lagrange-Methode, bei welcher die disperse Flüssigphase anhand der Lagrange'schen Betrachtungsweise (anhand mitbewegter Bezugssysteme) und die Gasphase anhand der Euler'schen Betrachtungsweise (anhand ortsfestem Bezugssystem) beschrieben wird, das aktuell etablierteste Verfahren zur Simulation von Einspritzprozessen.

2.3.2 Kavitationsmodellierung

Bei der hier untersuchten Hochdruck-Benzindirekteinspritzung kann aufgrund der Dynamik des Fluids der Druck in der Flüssigphase insbesondere im Bereich des Spritzlocheintrittes lokal unter den Dampfdruck des Fluids sinken. Dementsprechend kommt es in diesem Bereich zur Bildung von Dampfblasen, welche stromab in Bereichen höheren Drucks wieder kollabieren. Dieses Phänomen wird als Kavitation bezeichnet. Generell lässt sich Kavitation ihrer Gestalt nach in verschiedene Formen untergliedern. Dabei ist eine bei Benzineinspritzsystemen dominante Form der Kavitation die *geometrische Kavitation*, welche aufgrund geometrischer Besonderheiten wie z.B. einer scharfen Umlenkung am Spritzlocheintritt entsteht (vgl. Nouri et al. [20]). Im Rahmen dieser Arbeit wird zur Modellierung dieser Effekte ein Kavitationsmodell basierend auf der Rayleigh-Plesset-Gleichung (vgl. CFX-Manual [17]) verwendet. Dieses soll im Folgenden kurz erläutert werden. Die Rayleigh-Plesset-Gleichung beschreibt die Blasenwachstumsgeschwindigkeit in Abhängigkeit des lokalen Drucks:

$$r_B \frac{\partial^2 r_B}{\partial t^2} + \frac{3}{2}\left(\frac{\partial r_B}{\partial t}\right)^2 + \frac{2\sigma}{\rho_f r_B} = \frac{p_v - p}{\rho_f} \,. \qquad (2.16)$$

Hierbei ist r_B der Blasenradius, p_v der Dampfdruck des Fluids, ρ_f die Dichte des Fluids und σ der Oberflächenspannungskoeffizient zwischen flüssiger und dampfförmiger Phase. Die zeitliche Änderung des Blasenvolumens unter Vernachlässigung der Terme höherer Ordnung sowie der Oberflächenspannung ergibt sich dann zu:

$$\frac{\partial V_B}{\partial t} = 4\pi r_B^2 \sqrt{\frac{2}{3}\frac{p_v - p}{\rho_f}} \,. \qquad (2.17)$$

Durch Multiplikation mit der Gasdichte ρ_g lässt sich daraus die zeitliche Änderung der Masse der Blase ableiten. Wird nun eine Anzahl von n_B Blasen in einem Volumen V_{cv} betrachtet, kann der Volumenanteil α_g zu

$$\alpha_g = n_B \frac{4}{3}\frac{\pi r_B^3}{V_{cv}} \qquad (2.18)$$

geschrieben werden. Der Massentransfer zwischen flüssiger und gasförmiger Phase bezogen auf ein Volumenelement dV wird damit zu:

$$\dot{m}_{fg} = F\frac{3\alpha_g\rho_g}{r_B}\sqrt{\frac{2}{3}\frac{|p_v - p|}{\rho_f}} \;. \tag{2.19}$$

Der Faktor F in Gleichung 2.19 variiert, je nachdem ob der Dampfdruck unterschritten wird, so dass eine Gasblase entsteht (Verdampfung), oder überschritten wird, so dass eine Gasblase verschwindet (Kondensation). Zusätzlich werden Nukleationskeime mit einem Keimradius r_{nuc} und einer Keimdichte α_{nuc} betrachtet, um in der reinen Flüssigphase, also bei $\alpha_g = 0$, die Kavitation zu aktivieren. Damit ergeben sich abhängig vom Dampfdruck folgende Gleichungen für den Massentransfer zwischen den beiden Phasen:

$$\dot{m}_{fg} = \begin{cases} F_{vap}\frac{3\alpha_{nuc}(1-\alpha_g)}{r_{nuc}}\rho_g\sqrt{\frac{2}{3}\frac{|p_v-p|}{\rho_f}} & \text{für } p < p_v \\ -F_{con}\frac{3\alpha_g}{r_{nuc}}\rho_g\sqrt{\frac{2}{3}\frac{|p_v-p|}{\rho_f}} & \text{für } p > p_v \;. \end{cases} \tag{2.20}$$

Für weitere Informationen zur Implementierung des Rayleigh-Plesset-Kavitationsmodells in CFX sowie zu den Modellkonstanten F_{vap}, F_{con} und α_{nuc} sei an dieser Stelle auf das CFX-Manual [17] verwiesen. Des Weiteren wird der Einfluss der Verdampfungs- und Kondensationskoeffizienten F_{vap} und F_{con} auf das berechnete Ergebnis der Injektorinnenströmung sowie der anschließenden Einspritzung bei Yang [21] näher untersucht.

2.4 Modellierung der Einspritzung und Gemischbildung

Bei der Benzindirekteinspritzung wird, wie in Kapitel 1 dargestellt, flüssiger Kraftstoff unter hohem Druck direkt in den Brennraum eingespritzt. Aufgrund des Primärzerfalls, der stark durch die Eigenschaften der Injektorinnenströmung wie Turbulenz und Kavitation beeinflusst wird, zerfällt der Strahl in Düsenaustrittsnähe in Flüssigkeitsligamente und erste Tropfen. Weiter stromabwärts zerfallen diese dann aufgrund des Sekundärzerfalls, welcher hauptsächlich durch aerodynamische Prozesse beeinflusst wird, in kleinere Tropfen. Parallel zu den erwähnten Zerfallsprozessen verdunstet der Kraftstoff und vermischt sich so mit der Gasphase. Somit ist die detaillierte Modellierung der Strahlausbreitung und Gemischbildung eine entscheidende Voraussetzung für die nachfolgende Berechnung der Spray-Wand-Interaktion sowie der anschließenden Zündung, Verbrennung und Emissionsbildung. Wie in Abschnitt 2.3.1 erläutert wird im Rahmen dieser Arbeit die sogenannte *Discrete Droplet Method* (vgl. Dukowicz et al. [4]) verwendet, d. h. die gesamten Tropfen des Sprays werden durch eine diskrete Anzahl an Tropfenpaketen abgebildet. In den nachfolgenden Abschnitten sollen die verschiedenen Teilmodelle zur Modellierung der Tropfenzerfallsprozesse, der Tropfenbewegung sowie der Tropfenverdunstung kurz erläutert werden.

2.4.1 Modellierung der Strahl- und Tropfenzerfallsprozesse

Die Gemischbildung in Ottomotoren mit Direkteinspritzung wird stark von der Verdunstungsgeschwindigkeit des Kraftstoffs beeinflusst. Diese wiederum hängt stark von den Tropfenzerfallsprozessen des Kraftstoffs ab, da bei schnellerem Zerfall die spezifische Oberfläche des Kraftstoffs und damit die Verdunstungsgeschwindigkeit zunimmt. Ein häufig verwendetes Maß für die Güte des Zerfalls ist der mittlere Sauterdurchmesser d_{32} der Tropfen, welcher das Volumen und die Oberfläche des Tropfens zueinander ins Verhältnis setzt.

$$d_{32} = \frac{\sum_{i=1}^{n} d_i^3}{\sum_{i=1}^{n} d_i^2} \tag{2.21}$$

Typische Werte des mittleren Sauterdurchmessers liegen bei der Benzindirekteinspritzung im Bereich $d_{32} \approx 7\,\mu\text{m} - 24\,\mu\text{m}$.

Primärzerfall Der Primärzerfall wird hauptsächlich durch den anfänglichen Strahldurchmesser d_f, die Relativgeschwindigkeit zwischen Flüssig- und Gasphase u_{rel} sowie durch die Stoffeigenschaften des Fluids, wie die Dichte ρ_f, die dynamische Viskosität μ_f und die Oberflächenspannung σ_f, beeinflusst. Wichtige Kennzahlen für den Primärzerfall sind daher die Reynolds-Zahl der austretenden Fluidströmung

$$Re = \frac{\rho_f u_{rel} d}{\mu_f}, \tag{2.22}$$

welche das Verhältnis von Trägheitskräften zu Zähigkeitskräften darstellt, die Weber-Zahl

$$We_f = \frac{\rho_f u_{rel}^2 d}{\sigma_f}, \tag{2.23}$$

welche das Verhältnis aus Trägheitskräften der umgebenden Gas- beziehungsweise Flüssigphase und Oberflächenspannungskräften beschreibt sowie die aus diesen Kennzahlen abgeleitete Ohnesorge-Zahl

$$Oh = \frac{\sqrt{We_f}}{Re} = \frac{\mu_f}{\sqrt{\rho_f d \sigma_f}}, \tag{2.24}$$

welche das Verhältnis der Zähigkeitskräfte zu den Oberflächenkräften der Flüssigkeit beschreibt. Abhängig von der Reynolds- und Ohnesorge-Zahl können vier Zerfallsregimes unterschieden und im von Ohnesorge [22] eingeführten und von Reitz [23] erweiterten Ohnesorge-Diagramm (s. Abbildung 2.1) dargestellt werden.

Im Regime des Abtropfens bei kleinen Reynolds-Zahlen sind Oberflächenspannungen die dominanten Zerfallskräfte. Hier führen kleinste Störungen zum Wachstum von symmetrischen Oberflächenwellen und damit zum Zerfall in disperse Tropfen. Bei weiterer Erhöhung

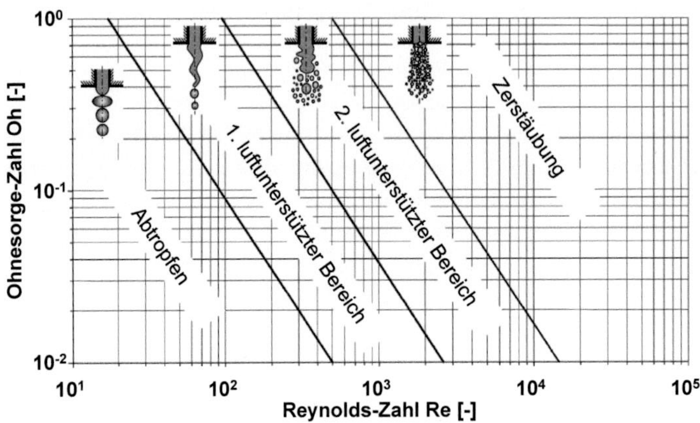

Abbildung 2.1: Erweitertes Ohnesorge-Diagramm nach Baumgarten [18] und Hermann [24]

der Einspritzgeschwindigkeit und damit der Reynolds-Zahl nehmen die aerodynamischen Kräfte aufgrund der erhöhten Relativgeschwindigkeit zwischen Tropfen und Gas zu. In diesem Bereich, dem ersten luftunterstützten Bereich, führen lokale Druckunterschiede an der Flüssigkeitsoberfläche zum Zerwellen des Strahls. Im zweiten luftunterstützten Bereich, in welchem sich bereits am Düsenaustritt Tropfen vom Strahlkern abscheren können, nimmt die Aufbruchslänge mit steigender Einspritzgeschwindigkeit zu. Dieser ist stark durch die Instabilität kurzwelliger Störungen geprägt. Wird der Einspritzdruck und damit die Einspritzgeschwindigkeit weiter erhöht, führt dies ins für motorische Anwendungen relevante Regime der Zerstäubung. Hier beginnt der Zerfall unmittelbar am Düsenaustritt, die Aufbruchslänge geht nahezu auf Null zurück.

Insbesondere im Bereich der Dieseleinspritzung wurden in letzter Zeit umfangreiche experimentelle Untersuchungen zum Primärzerfall durchgeführt (vgl. z. B. Balewski [25]). Unter anderem basierend auf diesen Untersuchungen wurden auch Ansätze zur Modellierung des Primärzerfalls entwickelt (vgl. Fischer [26]). Da jedoch im Rahmen dieser Arbeit kein speziell für die Anwendung bei der Benzindirekteinspritzung validiertes Primärzerfallsmodell zur Verfügung stand, wurde auf eine Modellierung des Primärzerfalls verzichtet. Stattdessen wurde ein bereits zerstäubter Strahl angenommen und eine Tropfengrößenverteilung, wie in Abschnitt 4.1 beschrieben, vorgegeben.

Sekundärzerfall Aufgrund der zunächst großen Tropfengeschwindigkeiten sind die aus dem Primärzerfall hervorgegangenen Tropfen großen aerodynamischen Kräften ausgesetzt, welche wiederum den Sekundärzerfall verursachen. Analog zum Primärzerfall kann auch der

Sekundärzerfall anhand verschiedener Zerfallsmechanismen erfolgen (siehe Abbildung 2.2). Diese können ebenfalls durch die im vorigen Abschnitt eingeführten Kennzahlen (Gleichungen 2.22 und 2.24) charakterisiert werden. Allerdings wird hier die charakteristische Längenskala durch den Tropfendurchmesser repräsentiert. Zusätzlich wird die Weber-Zahl der Gasphase, mit

$$We_g = \frac{\rho_g u_{rel}^2 d}{\sigma_f} \tag{2.25}$$

eingeführt, welche das Verhältnis der Trägheitskräfte der umgebenden Gasströmung zu den Oberflächenspannungskräften darstellt.

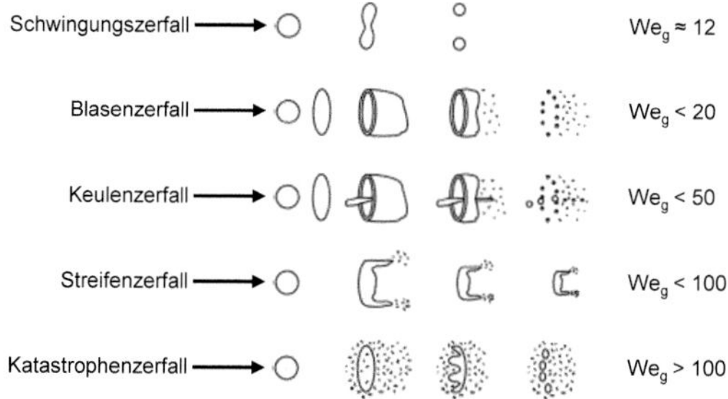

Abbildung 2.2: Aerodynamische Zerfallsmechanismen nach Pilch und Erdmann [27]

Nach Pilch und Erdmann [27] werden fünf Zerfallstypen unterschieden. Im Regime des Schwingungszerfalls, bei niedriger Weber-Zahl, schwingt der Tropfen mit seiner kleinsten Eigenfrequenz und zerfällt dadurch in wenige Sekundärtropfen. Beim Blasenzerfall stellt sich eine scheibenförmige Verformung des Tropfens ein, welche sich nach weiterer Verformung zu einer Blase entwickelt, die dann letztlich platzt. In ähnlicher Weise läuft der Keulenzerfall ab, wobei hier zusätzlich eine Flüssigkeitssäule parallel zur Anströmung auftritt, die dann zerfällt. Wird die Weber-Zahl weiter erhöht, werden im Regime des Streifenzerfalls erste Ligamente vom Tropfenrand abgeschert, bis dann im Regime des Katastrophenzerfalls der Tropfen kaskadenförmig in immer kleinere Fragmente zerfällt. Im Rahmen dieser Arbeit wird für die Modellierung des Sekundärzerfalls das Wave-Modell nach Reitz [28] verwendet. Dieses basiert auf einer linearen Stabilitatsanalyse von kleinen wellenförmigen Störungen auf der Oberfläche einer rotationssymmetrischen Flüssigkeitssäule, welche sich relativ zum umgebenden Gas bewegt. Der Instabilitätsmechanismus entspricht den Kelvin-Helmholtz-Instabilitäten, wobei es durch die Relativbewegung zu einem Wachstum der Oberflächenwellen kommt, wodurch die Wellenkämme als Sekundärtropfen abgeschert werden. Der stabile Tropfenradius r_{st} ist hierbei proportional zur Wellenlänge Λ der am stärksten angefachten Oberflächenwelle

$$r_{st} = \begin{cases} C_1\lambda & \text{für } C_1\lambda \leq r_{Tr} \\ \min\left(\sqrt[3]{\frac{3\pi r_{Tr}^2 u_{rel}}{2\Omega}}, \sqrt[3]{\frac{3r_{Tr}^2\lambda}{4}}\right) & \text{für } C_1\lambda > r_{Tr}\,. \end{cases} \tag{2.26}$$

Diese Wellenlänge sowie deren Wachstumsrate Ω werden wie folgt bestimmt:

$$\lambda = 9.02 \cdot r_{Tr} \frac{\left(1 + 0.45 \cdot Oh^{0.5}\right)\left(1 + 0.4 \cdot \left(Oh\sqrt{We_g}\right)^{0.7}\right)}{\left(1 + 0.87 \cdot We_g^{1.67}\right)^{0.6}} \tag{2.27}$$

$$\Omega = \left(\frac{\rho_g r^3}{\sigma}\right)^{-0.5} \frac{0.34 + 0.38 \cdot We_g^{1.5}}{(1 + Oh)\left(1 + 1.4 \cdot \left(Oh\sqrt{We_g}\right)^{0.6}\right)}\,. \tag{2.28}$$

Die Reduktion des Tropfenradius und damit die Zerfallsgeschwindigkeit beschreibt Reitz [28] mit:

$$\frac{dr_{Tr}}{dt} = -\frac{r_{Tr} - r_{st}}{\tau_a}\,. \tag{2.29}$$

Die Zerfallszeit ergibt sich hierbei zu

$$\tau_a = \frac{3.726 \cdot C_2 \cdot r_{Tr}}{\lambda \cdot \Omega}\,. \tag{2.30}$$

Die Modellkonstante C_1 gibt Reitz [28] mit $C_1 = 0.61$ an. Mit der Modellkonstanten C_2 sollen düsenspezifische Eigenschaften erfasst werden. Hierfür finden sich in der Literatur Werte zwischen $C_2 = 1.73...60$ (vgl. Patterson et al. [29], Reitz [28]). Wesentlicher Vorteil des auf der Modellierung nach Reitz und Diwakar [30] aufbauenden Wave-Modells (s. Reitz [28]) ist, dass hier die Zerfallsmechanismen regimeübergreifend abgebildet werden, wohingegen sich alternative Sekundärzerfallsmodelle, wie z.B. das TAB-Modell (vgl. O'Rourke et al. [31]) oder das angesprochene Reitz-Diwakar-Modell [32], [30] auf ein bzw. zwei Zerfallsregimes begrenzen.

Tropfenkollision und -koaleszenz In Bereichen hoher Tropfendichte, z.B. an der Strahlwurzel von Hochdrucksprays, treten starke Wechselwirkungseffekte, im Wesentlichen Tropfenkollisionen, auf. Diese führen, abhängig vom Tropfendurchmesser, der Tropfengeschwindigkeit und dem Stoßwinkel, entweder zu einem weiteren Zerfall oder einer Koaleszenz der Tropfen (vgl. O'Rourke et al. [33]). Eine numerische Beschreibung der Tropfenkollision- und koaleszenz ist hinsichtlich der Rechenzeit äußerst aufwändig, da diese aus Gründen der statistischen Konvergenz durch eine sehr hohe Partikelanzahl aufgelöst werden müsste. Zusätzlich spielen diese Prozesse im wesentlichen im Bereich der Strahlwurzel, also im Bereich des Primärzerfalls eine Rolle. Analog zu der oben beschriebenen Modellierung des Primärzerfalls wurde im Rahmen dieser Untersuchungen auf eine Modellierung der Tropfenkollision und -koaleszenz verzichtet. Indirekt wurden diese Prozesse jedoch bei der Kalibrierung der Konstanten des Zerfallsmodells anhand der experimentellen Spraykammeruntersuchungen berücksichtigt.

2.4.2 Modellierung der Tropfenbewegung

Bei der im Rahmen dieser Arbeit zur Spraysimulation angewandten Discrete Droplet Method (vgl. Dukowicz et al. [4]) wird die Bewegung jedes Tropfens durch die jeweils angreifenden Kräfte bestimmt

$$m_{Tr}\frac{du_{Tr}}{dt} = F_d + F_g + F_z \; . \tag{2.31}$$

Dabei handelt es sich wie aus Gleichung 2.31 ersichtlich primär um die Widerstandskraft F_d, resultierend aus der Relativgeschwindigkeit zwischen Tropfen und Gas sowie die Gewichtskraft F_g. Zusätzlich wirken weitere Kräfte, repräsentiert durch den Term F_z in Gleichung 2.31. Diese sind beispielsweise die Magnus-Kraft (vgl. Tsuji et al. [34]), welche den Auftrieb aufgrund asymmetrischer Anströmung z.B. bei einer entsprechenden Tropfenrotation berücksichtigt, sowie die Saffman-Kraft (vgl. Saffmann [35]), welche den Auftrieb aufgrund eines Geschwindigkeitsgradienten quer zur Anströmung berücksichtigt. Wie auch die Gewichtskraft werden diese jedoch aufgrund ihres verhältnismäßig geringen Einflusses häufig vernachlässigt (s. Hallmann [36], Aggarwal et al. [37]). Damit ergibt sich letztlich die Bewegungsgleichung des Tropfens zu:

$$\frac{d\vec{u}_{Tr}}{dt} = -\frac{3}{4}\frac{\rho_g}{\rho_f}\frac{c_w}{d_{Tr}}|\vec{u}_{Tr} - \vec{u}_g|\left(\vec{u}_{Tr} - \vec{u}_g\right) \; . \tag{2.32}$$

Dabei ist d_{Tr} der Tropfendurchmesser, ρ_g und $\vec{u}_g$ die Gasdichte und -geschwindigkeit, ρ_f die Tropfendichte und $\vec{u}_{Tr}$ die Tropfengeschwindigkeit. Aufgrund der komplexen Strömungsvorgänge muss zur Bestimmung des Tropfenwiderstandsbeiwertes c_w auf empirische Beziehungen zurückgegriffen werden. Im Rahmen dieser Arbeit wird dabei die Beziehung von Schiller und Naumann [38] in Abhängigkeit von der Reynolds-Zahl angewandt

$$c_w = \begin{cases} \frac{24}{Re}\left(1 + 0.15Re^{0.687}\right) & \text{für } Re < 10^3 \\ 0.424 & \text{für } Re > 10^3 \; , \end{cases} \tag{2.33}$$

die wiederum aus dem Betrag der Relativgeschwindigkeit $u_{rel} = |\vec{u}_{Tr} - \vec{u}_g|$, dem Tropfendurchmesser d_{Tr} und der Viskosität der Gasphase gebildet wird. Wird nun Gleichung 2.32 über der Zeit integriert, kann die zeitliche Änderung der Tropfenposition berechnet und damit die Bewegung der Tropfen modelliert werden.

Turbulente Dispersion In Ottomotoren mit Direkteinspritzung werden die Kraftstofftropfen durch verschiedene turbulente Strukturen beeinflusst. Zum einen induziert der eingespritzte Kraftstoff im umgebenden Gas eine turbulente Strömung, zum anderen beeinflussen die turbulenten Fluktuationen der Brennraumströmung die Tropfen. Diese turbulenten Strukturen bewirken eine stochastische Auslenkung der Tropfen, wodurch der mittlere Tropfenabstand zunimmt. Diese turbulente Dispersion ist insbesondere im Düsennahbereich von Bedeutung, da es hier aufgrund der hohen Tropfengeschwindigkeiten zu einer erhöhten Turbulenzproduktion und somit zu einer Aufweitung des Kraftstoffstrahls kommt. In den nachfolgenden Untersuchungen wird das Modell von Gosman und Ioannidis [39] zur Modellierung der turbulenten Dispersion angewandt. Hier werden unter der Annahme isotroper Turbulenz die turbulenten Schwankungen der Gasphase $\vec{u'}_g$ stochastisch aus einer Gauß-Verteilung ermittelt. Deren Varianz σ, mit

$$\sigma = \sqrt{\frac{2}{3}k} \, , \tag{2.34}$$

verhält sich proportional zur turbulenten kinetischen Energie k. Unter Berücksichtigung einer Zufallszahl Rn_i, deren Werte im Bereich $[0 < Rn < 1]$ liegen, ergibt sich die jeweilige turbulente Geschwindigkeitskomponente damit zu:

$$u_g' = \sigma \cdot sign\,(2Rn_i - 1) \cdot erf^{-1}\,(2Rn_i - 1) \ . \tag{2.35}$$

Diese Schwankungsgeschwindigkeit u_g' wird durch Aufteilung des Momentanwertes der Gasphasengeschwindigkeit $u_g = \bar{u_g} + u_g'$ aus Gleichung 2.32 in eine gemittelte und eine fluktuierende Komponente in der Bewegungsgleichung des Tropfens berücksichtigt. Zeitlich ist ein Tropfen dieser Schwankungsgeschwindigkeit so lange ausgesetzt, bis er entweder den Wirbel verlässt oder dieser durch Dissipation zerfällt. Die turbulente Korrelationszeit t_t berechnet sich nach Gosman et al. [39] zu:

$$t_t = \min\left(c_\tau \frac{k}{\epsilon}, c_1 \frac{k^{\frac{3}{2}}}{\epsilon} \frac{1}{|\vec{u}_g + \vec{u'}_g - \vec{u}_{Tr}|} \right) \ . \tag{2.36}$$

Für die Modellkonstanten c_τ und c_1 wurden in dieser Arbeit die Werte $c_\tau = 1.0$ und $c_1 = 0.16432$ verwendet (s. FIRE-Manual [13]).

2.4.3 Modellierung der Tropfenverdunstung

In den im Rahmen dieser Arbeit untersuchten homogen betriebenen Ottomotoren mit Direkteinspritzung ist ein möglichst gleichmäßig verteiltes Kraftstoff-Luft-Gemisch eine wichtige Voraussetzung zur Minimierung der Partikelemissionen (vgl. Jochmann et al. [40]). Neben der Vermischung des Kraftstoffdampfes mit der umgebenden Luft ist damit auch die Tropfenverdunstung[1] von entscheidender Bedeutung für die Gemischhomogenisierung. Im Rahmen der hier angewandten Euler-Lagrange-Spraymodellierung werden der an den Tropfen übertragene Wärmestrom, der Verdunstungsmassenstrom sowie die Änderung des Tropfenzustandes für jeden Tropfen separat bestimmt. Dazu wird in den hier dargestellten Untersuchungen die Modellierung nach Abramzon und Sirignano [41] verwendet. Diese berücksichtigt, basierend auf der klassischen Filmtheorie, den durch erzwungene Konvektion beeinflussten Wärme- und Stofftransport unter der Annahme fiktiver Temperatur- bzw. Konzentrationsgrenzschichten der Dicke

$$\delta_{T0} = \frac{d_{Tr}}{Nu_0 - 2}, \tag{2.37}$$

bzw.

$$\delta_{M0} = \frac{d_{Tr}}{Sh_0 - 2}. \tag{2.38}$$

Dabei stellen Nu_0 und Sh_0 die Nusselt- bzw. Sherwood-Zahlen der nicht verdunsteten Tropfen mit

$$Nu_0 = 2 + 0.552 Re^{\frac{1}{2}} Pr^{\frac{1}{3}} \tag{2.39}$$

und

$$Sh_0 = 2 + 0.552 Re^{\frac{1}{2}} Sc^{\frac{1}{3}} \tag{2.40}$$

dar. Die Verdunstungsrate kann dann mit Hilfe der Sherwood- und Nusselt-Zahl wie folgt beschrieben werden:

$$\dot{m} = \pi \bar{\rho}_g \bar{D}_g d_{Tr} Sh^* \ln(1 + B_Y), \text{ bzw.} \tag{2.41}$$

$$\dot{m} = \pi \frac{\bar{k}_g}{\bar{c}_{p,f}} d_{Tr} Nu^* \ln(1 + B_T). \tag{2.42}$$

Dabei sind $\bar{\rho}_g$, $\bar{D}_g$, $\bar{k}_g$ und $\bar{c}_{p,f}$ Dichte, Diffusionskoeffizient, Wärmeleitfähigkeit und spezifische Wärmekapazität im Film. Diese werden bei einer Referenztemperatur $\bar{T}_S$ und einem Referenzkraftstoffmassenanteil $\bar{Y}_S$ ermittelt, welche wiederum mit Hilfe der $\frac{1}{3}$-Regel aus Werten an der Tropfenoberfläche und im Unendlichen bestimmt werden:

$$\bar{T}_S = T_S + \frac{1}{3}(T_\infty - T_S), \tag{2.43}$$

$$\bar{Y}_{V,S} = Y_{V,S} + \frac{1}{3}(Y_{V,\infty} - Y_{V,S}). \tag{2.44}$$

Die modifizierten Nusselt- und Sherwood-Zahlen in Gleichung 2.42 bzw. 2.41 werden abhängig von den in den Gleichungen 2.39 und 2.40 angegeben Werten für nicht verdunstete Tropfen berechnet:

$$Nu^* = 2 + \frac{(Nu_0 - 2)}{F_T}, \tag{2.45}$$

[1] Hier wird von Verdunstung gesprochen, da der Phasenübergang in Gegenwart eines Inertgases erfolgt. Bei der in Abschnitt 2.3.2 erläuterten Kavitation findet hingegen Verdampfung statt, da der Phasenübergang in einer inertgasfreien Umgebung erfolgt.

$$Sh^* = 2 + \frac{(Sh_0 - 2)}{F_M}\,. \tag{2.46}$$

B_T und B_Y stellen die Wärme- bzw. Massentransferzahl dar, wobei sich letztere zu

$$B_Y = \frac{Y_{V,S} - Y_{V,\infty}}{1 - Y_{V,S}} \tag{2.47}$$

ergibt. Die empirischen Korrekturfaktoren F_T und F_M ergeben sich jeweils zu:

$$F(B) = \left(1 + B^{0.7}\right)\frac{\ln(1+B)}{B}\,. \tag{2.48}$$

Der Algorithmus zur Berechnung des Verdunstungsmassenstroms sowie des übertragenen Wärmestroms stellt sich damit wie folgt dar:

1. Ermittlung des Kraftstoffmassenanteils Y_{VS} an der Tropfenoberfläche.
2. Berechnung der Stoffgrößen $\bar{\rho}_g$, $\bar{D}_g$, $\bar{k}_g$, $\bar{\mu}_g$, $\bar{c}_{p,g}$ und $\bar{c}_{p,f}$.
3. Bestimmung der Nusselt- und Sherwoodzahl Nu_0 und Sh_0 für einen nicht verdunstenden Tropfen.
4. Berechnung der Massentransferzahl B_Y, des Korrekturfaktors F_M, der modifizierten Sherwoodzahl Sh^* und der Verdunstungsrate $\dot{m}$ nach Gleichung 2.41.
5. Ermittlung der Wärmetransferzahl B_T anhand eines geratenen Startwertes oder dem Wert aus dem vorherigen Zeit- bzw. Iterationsschritt.
6. Bestimmung der modifizierten Nusseltzahl Nu^* und Korrektur der Wärmetransferzahl B_T durch Gleichsetzen der beiden aus Gleichung 2.41 und 2.42 berechneten Massenströme. Falls die Korrektur nicht der vorgegebenen Genauigkeit entspricht, muss die Iteration ggf. ab Punkt 5 wiederholt werden.
7. Berechnung des Wärmestroms $\dot{Q}_s$ mit der spezifischen Verdampfungswärme L zu:

$$\dot{Q}_s = \dot{m}\left(\frac{\bar{c}_{p,F}\,(T_\infty - T_S)}{B_T} - L\,(T_S)\right)\,. \tag{2.49}$$

Ottomotorische Kraftstoffe bilden in der Realität ein sehr komplexes Gemisch aus einer Vielzahl verschiedener chemischer Komponenten mit u. a. deutlich unterschiedlichen Siedetemperaturen. Aus Rechenzeitgründen wird jedoch bei der ottomotorischen Strömungssimulation meist ein einkomponentiger Ersatzkraftstoff verwendet. Wie in Abschnitt 5.4.1 gezeigt werden wird, werden dadurch nicht zuletzt auch die bei der Spray-Wand-Interaktion auftretenden Phänomene stark beeinflusst. Prinzipiell werden die Stoffeigenschaften realer Kraftstoffe am detailliertesten durch sogenannte kontinuierliche Mehrkomponentenmodelle, welche den Kraftstoff mit Hilfe statistischer Verteilungsfunktionen beschreiben, modelliert. Eine Möglichkeit, das Verdunstungsverhalten komplexer Mischungen mit hoher Genauigkeit zu modellieren stellt dabei der von Gartung [42] entwickelte Ansatz dar. Dadurch kann insbesondere das Entmischungsverhalten, welches durch das zeitlich gestaffelte Entweichen leicht- und schwerflüchtiger Komponenten entsteht, erfasst werden. Da jedoch in der im Rahmen dieser Arbeit betrachteten Modellierung der Spray-Wand Interaktion als auch der Verbrennung nur diskrete Kraftstoffgemische, bzw. einkomponentige Kraftstoffe berücksichtigt werden können, wird im Rahmen dieser Arbeit, um das Verhalten des realen ottomotorischen Kraftstoffs besser abbilden zu können, der in Abschnitt 5.4.1 dargestellte diskrete Mehrkomponentenkraftstoff definiert. Dementsprechend muss in diesem Fall auch eine diskrete mehrkomponentige Modellierung der Tropfenverdunstung verwendet werden. Dazu wird für diese Untersuchungen ein Mehrkomponentenverdunstungsmodell nach Brenn et al. [43], basierend auf dem oben erläuterten Verdunstungsmodell nach Abramzon und Sirignano, verwendet. Der wesentliche Unterschied ist dabei, dass in diesem Fall der Verdunstungsmassenstrom jeder Komponente separat betrachtet wird, der Wärmestrom jedoch weiterhin global ermittelt wird. Die anschließende Modellierung der Verbrennung wird im Rahmen dieser Arbeit lediglich mit einem einkomponentigen Ersatzkraftstoff durchgeführt. Aus diesem Grund verdunsten, wie in Abb. 2.11 skizziert, alle definierten Kraftstoffkomponenten in einen einkomponentigen Modellkraftstoff der Gasphase, in diesem Fall iso-Oktan. Für weitere Details zur angesprochenen Modellierung der Mehrkomponentenverdunstung sei an dieser Stelle auf Brenn et al. [43] und Fink [44] verwiesen.

2.4.4 Kopplung von Injektorinnenströmung und Gemischbildung

Bei der konventionellen 3D-CFD-Simulation wird, wie in Abschnitt 2.4.1 erläutert, der Primärzerfall vernachlässigt und stattdessen angenommen, dass am Spritzlochaustritt bereits diskrete Tropfen vorliegen. Deren Größenverteilung wird dann mit Hilfe einer Wahrscheinlichkeitsverteilung (siehe Abschnitt 4.1) abhängig von entsprechenden PDA-Messungen der Tropfengröße vorgegeben. Zusätzlich müssen, wie in Abbildung 2.3 links dargestellt, die Spritzlochachse und damit die Sprayrichtung, der Spraykegelwinkel und die Einspritzgeschwindigkeit initialisiert werden. Der Spraykegelwinkel wird dabei anhand der in Abschnitt 3.1 dargestellten Schattenlichtaufnahmen vorgegeben. Die Einspritzgeschwindigkeit wird vereinfachend, wie in Abb. 2.3 links gezeigt, als konstant über dem effektiven Spritzlochquerschnitt angenommen. Dieser effektive Spritzlochquerschnitt und damit indirekt auch die Einspritzgeschwindigkeit muss jedoch, wie im Rahmen des in Abschnitt 4.3 gezeigten aufwändigen Sprayabgleichs erläutert, geringfügig modifiziert werden, um die gemessenen Eindringtiefen abbilden zu können.

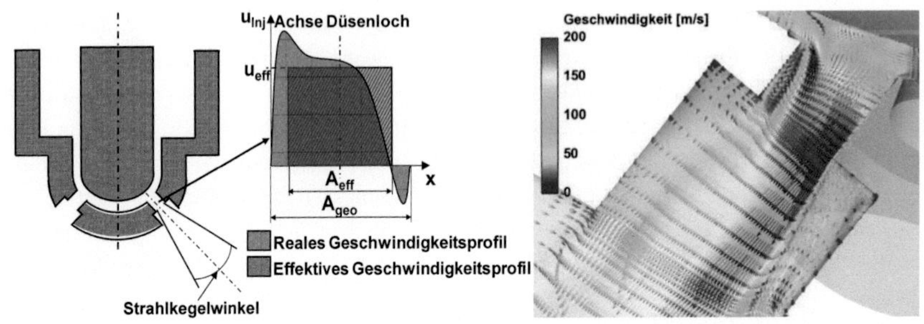

Abbildung 2.3: Randbedingungen der konventionellen Initialisierung (links) sowie Geschwindigkeitsfeld aus der Injektorinnenströmungsberechnung (rechts)

Anhand der für diesen Injektor durchgeführten Innenströmungsberechnungen konnte jedoch gezeigt werden, dass insbesondere die Annahme einer über dem effektiven Spritzlochquerschnitt konstanten Einspritzgeschwindigkeit nicht gerechtfertigt ist. Wie in Abb. 2.3 rechts zu sehen ist, ergibt sich aufgrund des ausgeprägten Kavitationsgebietes am Spritzlocheintritt eine sehr inhomogene Geschwindigkeitsverteilung am Spritzloch- bzw. Vorstufenaustritt. Somit können mit Hilfe der Injektorinnenströmungsberechnung die strömungsmechanischen Randbedingungen der anschließenden Spraysimulation besser definiert und damit, wie in Abschnitt 4.3 beschrieben, der Aufwand für den Sprayabgleich deutlich reduziert werden.

Eine kontinuierliche Berechnung des Einspritzvorganges, beginnend mit der Flüssigphase im Injektor über den Primärzerfall bis hin zu den für die Spraymodellierung benötigten diskreten Tropfen, ist aufgrund der deutlich unterschiedlichen Zeitskalen als auch der unterschiedlichen räumlichen Diskretisierung sehr zeitaufwändig. Daher wurde im Rahmen dieser Arbeit eine diskontinuierliche Kopplung von Injektorinnenströmung und Gemischbildung, mittels einer im Rahmen früherer Untersuchungen entwickelten Schnittstelle, dem sogenannten Innenströmung-Spray-Interface (vgl. Ziuber et al. [45]), angewandt. Dabei wird zunächst die instationäre, mehrphasige[2] Injektorinnenströmung unter Berücksichtigung der Netzbewegung aufgrund des Nadelhubs entkoppelt von der Gemischbildung berechnet. Im nächsten Schritt werden die lokalen Strömungsvariablen Dichte $\rho_{i,j}$, Geschwindigkeitsvektor $\vec{u}_{i,j}$, Kraftstoffvolumenanteil $Y_{i,j}$, turbulente kinetische Energie $k_{i,j}$, Dissipation $\epsilon_{i,j}$ und Fläche A_i der Rechenzelle i für die Phase j in einer geeigneten Kopplungsebene in Abhängigkeit von der Zeit und damit indirekt vom Nadelhub in Form einer Matrix exportiert. Daraus ergibt sich für jeden Zeitschritt der über die Austrittsfläche

[2] Aus numerischer Sicht wurde die Berechnung hier mehrphasig durchgeführt,da neben dem flüssigen sowie dem gasförmigen Kraftstoff mit der eingesaugten Umgebungsluft eine dritte Phase berücksichtigt wurde. Physikalisch gesehen existieren jedoch, wie in Abschnitt 2.3.1 beschrieben, lediglich zwei Phasen, Flüssig- und Gasphase.

integrierte und für die anschließende Gemischbildungsrechnung relevante Massen- und Impulsstrom der Flüssigphase sowie der lokale Geschwindigkeitsvektor der zum jeweiligen Zeitschritt initialisierten diskreten Tropfenpakete. Um zusätzlich den Einfluss der über dem Spritzlochquerschnitt inhomogenen Geschwindigkeitsverteilung bei der Initialisierung der Tropfenpakete berücksichtigen zu können, wird ein Wahrscheinlichkeitsfaktor W,

$$W = \begin{cases} \rho_f Y_f u_{n,f} & \text{für } u_{n,f} > 0 \\ 0 & \text{für } u_{n,f} < 0\ , \end{cases} \tag{2.50}$$

eingeführt. Dadurch werden an Orten höherer Einspritzgeschwindigkeit normal zur Austrittsebene vermehrt Tropfenpakete, in Rückströmungsgebieten ($u_{n,f} < 0$) dagegen keine Tropfenpakete initialisiert. Nachdem die Initialisierung der Tropfenpakete zum jeweiligen Zeitschritt abgeschlossen ist, wird die Massen- und Impulserhaltung überprüft. Dazu wird die zum jeweiligen Zeitschritt über der Austrittsfläche integrierte Masse der Flüssigphase aus der Injektorinnenströmungsberechnung mit der Masse der pro Zeitschritt initialisierten Tropfenpakete verglichen und daraus ein Korrekturfaktor abgeleitet. Zur Gewährleistung der Massenerhaltung wird nun die Anzahl der Tropfen eines Tropfenpaketes mit diesem Faktor multipliziert. In analoger Art wird anschließend auch die Impulserhaltung überprüft und gegebenenfalls die Tropfengeschwindigkeit $u_{n,f}$ korrigiert.

Schnittstellen zur Kopplung Wie in obigem Abschnitt erläutert, muss die Kopplung zwischen Injektorinnenströmung und Gemischbildung an einer geeigneten Kopplungsebene erfolgen. Die Positionierung dieser Ebene hat einen deutlichen Einfluss auf das letztendlich berechnete Spraybild, weshalb im folgenden kurz auf die im Rahmen dieser Untersuchungen definierte Schnittstelle zur Kopplung eingegangen werden soll. Abbildung 2.4 links zeigt beispielhaft die Geschwindigkeitsverteilung in einem der sechs Spritzlöcher bei maximal geöffneter Nadel. Hier ist deutlich zu erkennen, dass aufgrund des ausgeprägten Kavitationsgebietes, verursacht durch die Ablösung der Strömung am Spritzlocheintritt, am Spritzlochaustritt noch radiale Geschwindigkeitskomponenten von bis zu 100 m/s vorhanden sind. Weiter stromabwärts, in der Vorstufe, richtet sich die Strömung in axialer Richtung aus, die radialen Geschwindigkeitskomponenten nehmen deutlich ab. Resultierend aus diesen großen radialen Geschwindigkeiten ergibt sich bei einer Kopplung am Spritzlochaustritt in der anschließenden Sprayberechnung eine sehr starke Aufweitung der Einzelstrahlen. Dementsprechend kommt es, im Gegensatz zur Messung, zu einer sehr starken Interaktion der Einzelstrahlen. Bei einer Kopplung am Vorstufenaustritt kann hingegen eine sehr gute Übereinstimmung zwischen Messung und Rechnung erzielt werden (s. Yang [46]). Aus diesem Grund wurde für die weiteren Untersuchungen die Ebene zur Kopplung zwischen Injektorinnenströmung und Gemischbildung am Vorstufenaustritt positioniert.

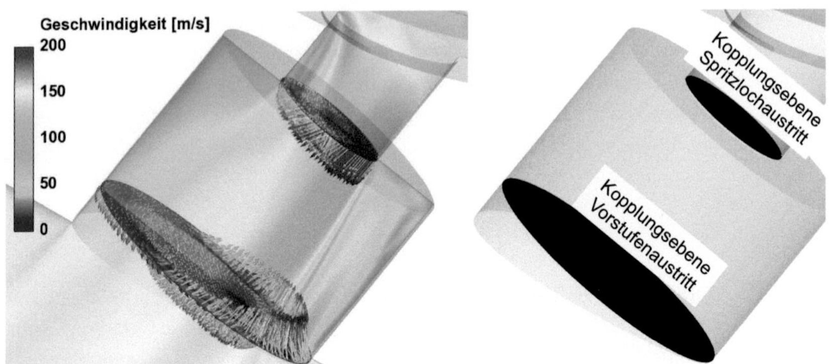

Abbildung 2.4: Strömungsgeschwindigkeiten in Spritzloch und Vorstufe (links) sowie Positionierung der Kopplungsebenen (rechts)

2.5 Modellierung der Spray-Wand-Interaktion

In Ottomotoren mit Direkteinspritzung ist das Auftreffen des Kraftstoffsprays auf die Kolbenoberfläche die Ursache für die Wandfilmbildung und damit wesentliche Ursache für eine unzureichende Gemischhomogenisierung und einen entsprechenden Anstieg der Partikelemissionen. In der numerischen Strömungsberechnung erfolgt die Kopplung der dispersen Phase (Spray) mit dem Wandfilm für jeden auf die Wand treffenden Tropfen über ein entsprechendes Spray-Wand-Interaktionsmodell. Generell können hierbei mehrere unterschiedliche physikalische Phänomene auftreten, die in der Literatur häufig in entsprechende Regimes unterteilt werden, siehe z.B. Bai und Gosman [47]. Im Allgemeinen wird hier abhängig von der Tropfengeschwindigkeit, dem Tropfendurchmesser, den Stoffeigenschaften des Tropfens und dem Auftreffwinkel zwischen einer Ablagerung, einem Zerfall oder einer Reflexion des Tropfens unterschieden. Weiterhin haben auch die Wandeigenschaften wie Wandtemperatur oder Rauigkeit einen erheblichen Einfluss auf das oben angesprochene Verhalten der Tropfen beim Wandkontakt (vgl. Kuhnke [48], Moreira et al. [49]). Die Modellierung der Spray-Wand-Interaktion muss daher zunächst anhand der Tropfen- und Wandeigenschaften das vorliegende Regime bestimmen. Die wichtigsten Regime sind in Abbildung 2.5 skizziert und sollen im folgenden kurz erläutert werden, für eine detailliertere Beschreibung sei an dieser Stelle auf Bai et al. [47] verwiesen.

a) Deposition: Bei niedrigen Wandtemperaturen und geringen Tropfengeschwindigkeiten wird der Tropfen in diesem Regime an der Oberfläche abgelagert. Bei steigender Tropfengeschwindigkeit verliert der Tropfen seine sphärische Form und bildet einen Wandfilm, bzw. verbindet sich mit einem bereits bestehenden Wandfilm. Bei weiterer

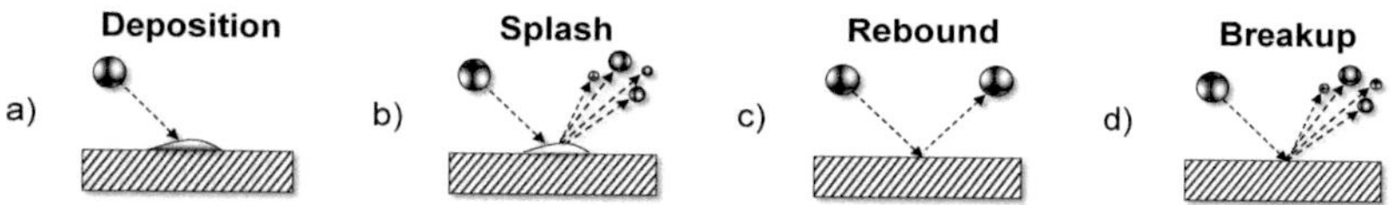

Abbildung 2.5: Skizzierte Darstellung der verschiedenen bei der Spray-Wand-Interaktion auftretenden Phänomene (vgl. z. B. Bai et al. [47], Richter [50])

Erhöhung der Tropfengeschwindigkeit geht dieses Regime in das Splash-Regime bzw. bei Erhöhung der Wandtemperatur in das Breakup-Regime über.

b) Splash: Aufgrund seiner hohen kinetischen Energie zerfällt der Tropfen beim Kontakt mit einer kalten Wand in diesem Regime in mehrere kleinere Sekundärtropfen.

c) Rebound: Trifft der Tropfen in diesem Regime mit geringer kinetischer Energie auf eine nasse Wand, wird dieser aufgrund eines zwischen Tropfen und Film eingeschlossenen Luftpolsters, welches den Kontakt verhindert und damit den Energieverlust verringert, reflektiert. Trifft der Tropfen hingegen auf eine heiße, trockene Wand, bildet sich ein Dampfpolster zwischen Tropfen und Wand, welches den direkten Kontakt verhindert (Leidenfrostphänomen).

d) Breakup: Bei hohen Wandtemperaturen beschreibt dieses Regime im Gegensatz zum Splash-Regime den Tropfenzerfall an einer heißen Oberfläche.

Um die Anzahl der Einflussgrößen zu reduzieren und damit die Spray-Wand-Interaktion einer entsprechenden Modellierung besser zugänglich zu machen, werden die oben genannten Einflussgrößen häufig in dimensionslosen Kennzahlen zusammengefasst. Die wichtigsten sollen an dieser Stelle kurz beschrieben werden. Eine Kenngröße für die Stabilität des Tropfens bei Aufprallvorgängen ist die in Gleichung 2.23 definierte Weber-Zahl der Flüssigphase, gebildet mit dem Tropfendurchmesser d_{Tr} und der wandnormalen Geschwindigkeitskomponente u_{Tr} des Tropfens. Diese setzt die kinetische Energie des Tropfens und seine Oberflächenenergie ins Verhältnis. Einer Ausbreitung des Tropfens entgegen wirken die viskosen Kräfte. Die Tropfen-Reynolds-Zahl (analog zu Gl. 2.22 mit $d = d_{Tr}$ und $u = u_{Tr}$, der wandnormalen Geschwindigkeitskomponente des Tropfens) beschreibt das Verhältnis von Trägheitskräften zu viskosen Kräften. Eine Kombination dieser Kennzahlen, welche auch in der im Rahmen dieser Arbeit verwendeten Modellierung der Spray-Wand-Interaktion (s. Abschnitt 2.5.1) zur Regimeeinteilung hinsichtlich der kinetischen Eigenschaften des Tropfens verwendet wird, ist die von Mundo et al. [51] eingeführte Kennzahl K

$$K = \frac{(\rho_f d_{Tr})^{\frac{3}{4}} u_{Tr}^{\frac{5}{4}}}{\sigma_f^{\frac{1}{2}} \mu_f^{\frac{1}{4}}} = We_{Tr}^{\frac{1}{2}} Re_{Tr}^{\frac{1}{4}} \,. \tag{2.51}$$

Die Regimeeinteilung hinsichtlich der thermischen Eigenschaften und damit insbesondere hinsichtlich der Wandtemperatur T_w erfolgt hier über das Verhältnis zur Siedetemperatur des Tropfens:

$$T^* = \frac{T_w}{T_{sat}} \,. \tag{2.52}$$

Unter Berücksichtigung der beiden Kennzahlen K (Gl. 2.51) und T^* (Gl. 2.52) kann das jeweils vorliegende Regime bestimmt werden. In einem weiteren Schritt müssen dann die Eigenschaften der Sekundärtropfen bestimmt werden, im Fall eines Tropfenzerfalls z.B. die sekundäre Tropfenmasse, -geschwindigkeit und -größe sowie die entsprechenden Austrittswinkel (siehe Abb. 2.6).

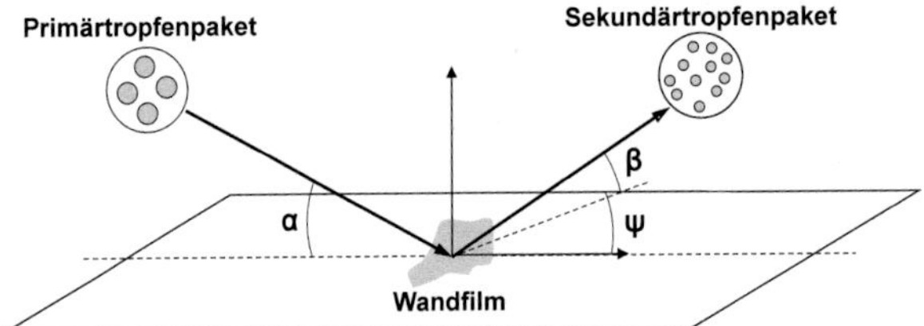

Abbildung 2.6: Spray-Wand-Interaktion

Der im Falle einer Ablagerung von Kraftstofftropfen auf der Wand gebildete Wandfilm wird im hier verwendeten Strömungssimulationsprogramm FIRE [13] mit einer zweidimensionalen Finite-Volumen-Methode berechnet, welche in Abschnitt 2.5.3 erläutert wird. Zunächst soll jedoch im folgenden Abschnitt das im Rahmen dieser Untersuchungen verwendete Spray-Wand-Interaktionsmodell nach Kuhnke [48] dargestellt werden.

2.5.1 Spray-Wand-Interaktionsmodell nach Kuhnke

Zur Modellierung der Spray-Wand-Interaktion existieren in der Literatur eine Vielzahl verschiedener Modelle, welche allesamt auf empirischen bzw. semi-empirischen Korrelationen aufbauen, z.B. die Modellierungen nach Bai und Gosman [47], Naber und Reitz [52] oder Mundo et al. [53]. Diese Modelle vernachlässigen allerdings im Wesentlichen den Einfluss der Wandtemperatur auf die Phänomene der Spray-Wand-Interaktion. Insbesondere in Ottomotoren mit Direkteinspritzung spielt jedoch die Wandtemperatur eine wichtige Rolle für die Interaktion der Tropfen mit der Kolbenoberfläche, wie in den Untersuchungen in Kapitel 3 und 5 dargestellt. Spray-Wand-Interaktionsmodelle, die den Einfluss der Wandtemperatur explizit berücksichtigen, wurden erst in letzter Zeit entwickelt, so z.B. die Formulierung nach Senda et al. [54], Ashida et al. [55] oder Kuhnke [48]. Wie bereits erwähnt, wurde im Rahmen dieser Arbeit zur Modellierung der Spray-Wand-Interaktion das von Kuhnke [48] innerhalb des Europäischen Projektes *Droplet Wall Interaction Phenomena of Relevance to Direct Injection Gasoline Engines*, DWDIE [56] entwickelte Modell verwendet. Dieses basiert auf einer sehr umfangreichen Datenbasis, welche sowohl Einzeltropfen- als auch Sprayuntersuchungen mit verschiedenen Fluiden, darunter auch einige Kohlenwasserstoffe, unter motorischen Randbedingungen umfasst. Zur Regimeeinteilung verwendet Kuhnke den kinetischen Parameter K (Gl. 2.51), sowie den thermischen Parameter T^* (Gl. 2.52). Anhand der umfangreichen Messdaten leitete er dabei die in Abbildung 2.7 dargestellte Einteilung der Regime Deposition und Splash unterhalb der kritischen Temperatur $T^*_{crit} = 1.1$ sowie der Regime Rebound und Breakup oberhalb der kritischen Temperatur, bei welchen sich kein Fluid mehr an der Wand ablagern kann, ab.

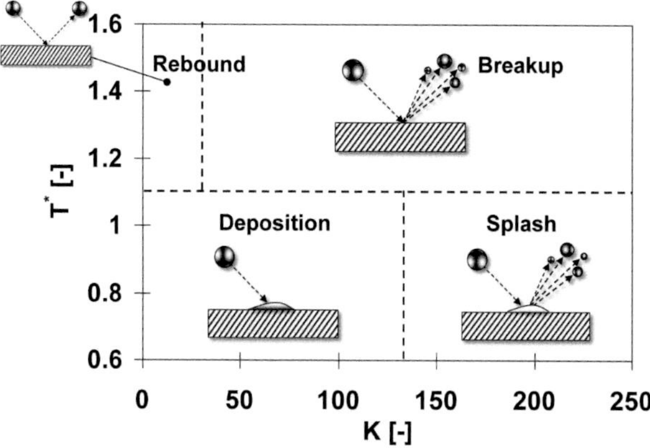

Abbildung 2.7: Regimeeinteilung des Spray-Wand-Interaktionsmodells nach Kuhnke [48] in vereinfachter Darstellung

Die weitere Unterteilung zwischen den Regimen Deposition und Splash bzw. Rebound und Breakup geschieht dabei mit Hilfe einer variablen kritischen K-Zahl K_{crit}. Diese nimmt unterhalb der kritischen Temperatur mit steigender Wandtemperatur und abnehmender Rauigkeit zu, oberhalb der kritischen Temperatur variiert diese unabhängig von der Wandrauigkeit zwischen $K_{crit} = 20$ bei einem Auftreffwinkel von $\alpha = 0°$ und $K_{crit} = 40$ bei einem Auftreffwinkel von $\alpha = 90°$. Zusätzlich hängt die kritische K-Zahl und damit die Grenze zwischen Deposition und Splash bei niedrigen Wandtemperaturen und nasser Wand von der dimensionslosen Filmdicke δ, mit

$$\delta = \frac{h_{Film}}{d_{Tr}} \tag{2.53}$$

ab. Diese nimmt mit zunehmender dimensionsloser Filmdicke δ bis zu einem Maximum bei $\delta \approx 1$ zu und nimmt anschließend wieder ab, bis dann ab einer Filmdicke von $\delta \approx 2$ eine konstante kritische K-Zahl angenommen wird. Die weiteren Details zur Regimeeinteilung sowie zu den Eigenschaften der Sekundärtropfen, wie Sekundärtropfengröße, -masse und -geschwindigkeit, können der Arbeit von Kuhnke [48] entnommen werden.

Erweiterung nach Birkhold Das oben beschriebene Spray-Wand-Interaktionsmodell nach Kuhnke wurde von Birkhold [57] für eine Modellierung der Spray-Wand-Interaktion mit einer Harnstoffwasserlösung angepasst. An dieser Stelle soll lediglich auf die in dem hier verwendeten Strömungssimulationsprogramm FIRE [13] implementierten Modifikationen bei der Regimeeinteilung eingegangen werden, die weiteren Anpassungen können im Detail der Arbeit von Birkhold [57] entnommen werden. Zur Untersuchung des Einflusses der Wandtemperatur und der kinetischen Energie des Tropfens auf das jeweilige Spray-Wand-Interaktionsregime wurden von Birkhold Durchlichtvisualisierungen an Tropfenketten durchgeführt. Anhand dieser Untersuchungen führte Birkhold mit Hilfe zweier Übergangsregime eine weitere Unterteilung der Regimeeinteilung hinsichtlich des thermischen Parameters T^* ein, siehe Abbildung 2.8.

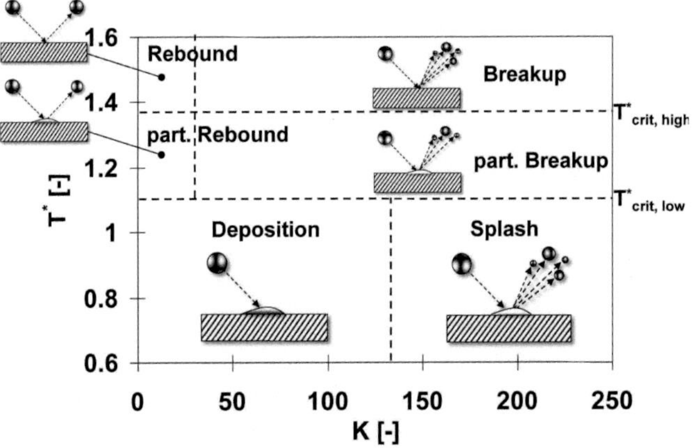

Abbildung 2.8: Erweiterte Regimeeinteilung des Spray-Wand-Interaktionsmodells nach Kuhnke [48] und Birkhold [57] in vereinfachter Darstellung

Dazu verwendet er, zusätzlich zu der ursprünglich von Kuhnke definierten unteren kritischen Temperatur $T^*_{crit,low} = 1.1$, eine obere kritische Temperatur $T^*_{crit,high}$. Diese ermittelte er experimentell für Spray-Wand-Interaktionen mit Harnstoffwasserlösungen zu $T^*_{crit,high} = 1.37$. Dazwischen führte Birkhold die Übergangsregime partieller Rebound und partieller Breakup ein. In diesen wird der Volumenanteil der sekundären Tropfenmasse v_m

mit zunehmender dimensionsloser Wandtemperatur linear von vollständiger Ablagerung (Deposition), d.h. $v_m = 0$, bzw. teilweiser Ablagerung (Splash) bis hin zu vollständiger Reflektion, d.h. $v_m = 1$, in den Regimen Rebound und Breakup erhöht (s. Abbildung 2.9).

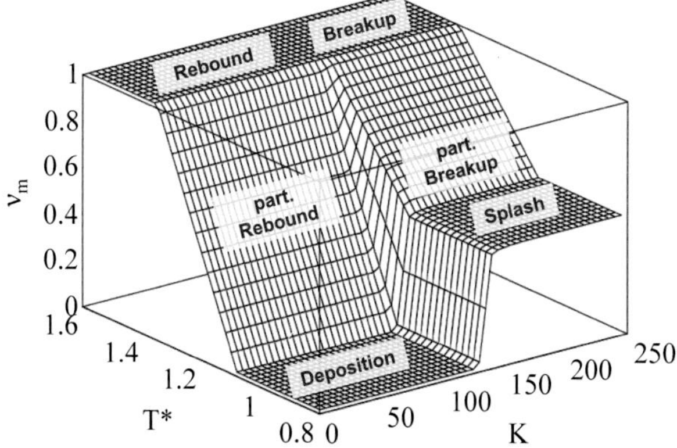

Abbildung 2.9: Verlauf des Volumenanteils der sekundären Tropfenmasse v_m in Abhängigkeit von Wandtemperatur und K-Zahl, nach Birkhold [57]

Wie bereits erwähnt, wurden diese Erweiterungen von Birkhold zur Modellierung der Spray-Wand-Interaktion mit Harnstoffwasserlösungen eingeführt. Um die im Rahmen dieser Arbeit untersuchten Spray-Wand-Interaktionen in Ottomotoren mit Direkteinspritzung abbilden zu können, mussten die oben definierten kritischen Temperaturen modifiziert werden. Dies wurde, wie in Abschnitt 5.3 dargestellt, basierend auf entsprechenden experimentellen Untersuchungen durchgeführt. Daraus konnten letztlich die folgenden, im Rahmen dieser Untersuchungen verwendeten, kritischen Temperaturen abgeleitet werden:

- $T^*_{crit,low} = 1.0$
- $T^*_{crit,high} = 1.2$

2.5.2 Modellierung des Wärmeübergangs beim Tropfen-Wand-Kontakt

Wie im vorigen Abschnitt 2.5.1 erläutert, stellen sich beim Spray-Wand-Kontakt je nach Wandtemperatur unterschiedliche Regime ein. Somit ist insbesondere die Oberflächentemperatur ein wichtiger Einflussparameter auf die Spray-Wand-Interaktion. Diese ändert sich jedoch im Laufe des Spray-Wand-Interaktionsprozesses, da während des Tropfen-Wand-Kontaktes Wärme von der heißen Oberfläche an die Tropfen übertragen wird und diese dementsprechend abkühlt. Sinkt die Oberflächentemperatur dabei lokal unter die kritische Oberflächentemperatur, kommt es zur Benetzung der Oberfläche, und es kann sich ein Wandfilm ausbilden. Des Weiteren hängt auch die übertragene Wärme und damit auch die Verdunstungsdauer stark von der jeweiligen Wandtemperatur ab. Dieser Zusammenhang ist in Abbildung 2.10 anhand der Verdunstungslebensdauerkurve eines aufgelegten n-Heptan-Tropfens mit einem initialen Tropfendurchmesser von $d_{Tr} = 3.0 \pm 0.1\,\mathrm{mm}$ dargestellt.

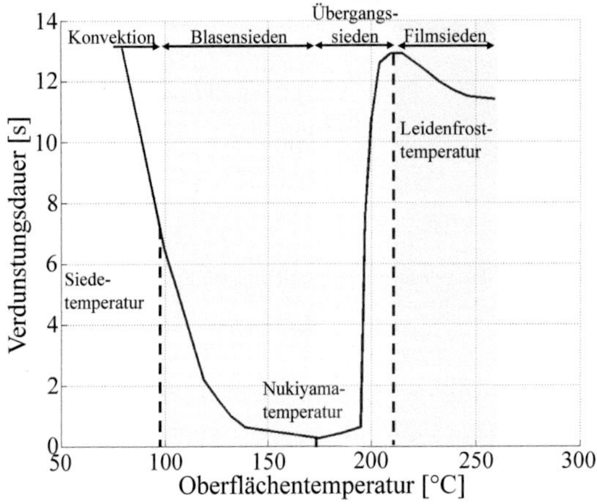

Abbildung 2.10: Verdunstungslebensdauerkurve eines aufgelegten n-Heptan Tropfens, nach Manzello et al. [58], Temple-Pediani [59]

Im Bereich der Siedetemperatur nimmt die Verdunstungsdauer aufgrund des konvektiven Wärmeübergangs mit zunehmender Temperatur ab, bis diese im Bereich des Blasensiedens ein Minimum erreicht. Bei dieser Temperatur, der sogenannten Nukiyama-Temperatur, ergibt sich die höchste Wärmestromdichte und damit die geringste Verdunstungsdauer. Bei weiterer Erhöhung der Wandtemperatur schließt sich an den Bereich des Blasensiedens ein Übergangsbereich an, in welchem die Verdunstungsdauer aufgrund der zunehmenden Ausdehnung des isolierend wirkenden Dampfpolsters bis zum Leidenfrostpunkt zunimmt. An diesem bildet sich erstmals ein geschlossener Dampffilm unter dem Tropfen. Oberhalb der Leidenfrosttemperatur, im Bereich des Filmsiedens, nimmt der Wärmeübergang durch das Dampfpolster zu und damit die Verdunstungsdauer ab. Das hier anhand eines n-Heptan-Tropfens erläuterte Verhalten bleibt prinzipiell auch bei mehrkomponentigen

Kraftstoffgemischen, wie z.B. Benzin, erhalten. Allerdings wird sich die in Abb. 2.10 gezeigte Verdunstungslebensdauerkurve aufgrund der unterschiedlichen Stoffeigenschaften der einzelnen Kraftstoffkomponenten über einen weiteren Temperaturbereich ausdehnen. Zudem wird sich mit zunehmender Zeit eine Entmischung des Kraftstoffgemischs ergeben, da die im Realkraftstoff enthaltenen leichtflüchtigen Komponenten bevorzugt verdunsten. Dadurch verschiebt sich die mittlere Siedetemperatur des verbleibenden Kraftstoffgemischs zu höheren Temperaturen.

Anhand der in Abb. 2.10 erläuterten Verdunstungslebensdauerkurve lässt sich der quasistationäre Verdunstungsvorgang von aufgelegten Tropfen im Millimeterbereich gut beschreiben. Da es sich jedoch bei der hier untersuchten Spray-Wand-Interaktion um einen hochdynamischen Vorgang mit Kontaktzeiten im Bereich von 10^{-7} bis 10^{-6} Sekunden handelt, müssen hierfür andere Modellansätze verwendet werden. Im Rahmen dieser Arbeit wird die von Birkhold [57] eingeführte Modellierung in leicht modifizierter Form verwendet, welche im folgenden näher erläutert werden soll.

Unterhalb der unteren kritischen Temperatur $T^*_{crit,low}$ kommt es, wie im vorherigen Abschnitt 2.5.1 dargestellt, zur Ablagerung der Tropfen an der Wand und damit zur Wandfilmbildung. Der sich in diesem Fall ergebende Wärmestrom zwischen Wand und Film wird in der Wandfilmmodellierung berücksichtigt (s. Abschnitt 2.5.3), weshalb in der hier verwendeten Modellierung des Wärmeübergangs beim Tropfen-Wand-Kontakt lediglich Wärmeströme bei Wandtemperaturen oberhalb der unteren kritischen Wandtemperatur berücksichtigt werden. Dabei kommt es auch oberhalb der Leidenfrosttemperatur zum direkten Flüssigkeit-Festkörper-Kontakt, wie z.B. bei Bolle und Moureau [60] oder Wruck [61] erläutert. Erst wenn der Druck in den Dampfblasen durch die Verdunstung an der Kontaktfläche ausreichend groß ist, hebt der Tropfen ab und es bildet sich ein durchgehendes Dampfpolster aus. Da die während des direkten Flüssigkeit-Festkörper-Kontaktes übertragene Wärme um ein Vielfaches größer ist als die Wärme, die durch das ausgebildete Dampfpolster übertragen wird (s. Bolle et al. [60], Wruck [61]), wird lediglich die erste Periode des sogenannten Direktkontaktes berücksichtigt. Die dabei übertragene Wärmemenge ergibt sich nach Meingast [62] zu

$$Q_{W-Tr} = A_{Kont} \frac{2\sqrt{t_{DK}}}{\sqrt{\pi}} \frac{b_W b_{Tr}}{b_W + b_{Tr}} , \tag{2.54}$$

b_W und b_{Tr} stellen dabei die Wärmeeindringkoeffizienten von Wand bzw. Tropfen mit

$$b_i = \sqrt{\lambda_i \rho_i c_{p,i}} \tag{2.55}$$

dar. Somit hängt die übertragene Wärme von der Kontaktfläche A_{Kont} und der Direktkontaktzeit t_{DK} ab. Diese berechnet sich nach Wachters et al. [63] unterhalb der Zerfallsgrenze an der heißen Wand ($K = 40$ nach Kuhnke [48]) gemäß der Rayleigh-Zeit für einen schwingenden Tropfen:

$$t_{Kont} = \frac{\pi}{4}\sqrt{\frac{\rho d_{Tr}^3}{\sigma}} \ . \tag{2.56}$$

Oberhalb der Zerfallsgrenze ergibt sich die Kontaktzeit nach Wruck [61] zu:

$$t_{Kont} = \sqrt{\frac{\pi}{2}}\left[\frac{\rho d_{Tr}^5}{\sigma u_{Tr}^2}\right]^{\frac{1}{4}} \ . \tag{2.57}$$

Zusätzlich führt Birkhold [57] noch die Siedeverzugszeit als Modellgröße ein. Trifft ein Tropfen auf eine Oberfläche, deren Oberflächentemperatur über der Leidenfrosttemperatur des Tropfens liegt, ergibt sich zunächst aufgrund des initialen Flüssigkeits-Festkörper-Kontakts eine überhitzte wandnahe Fluidschicht und ein entsprechend steiler Temperaturgradient innerhalb des Tropfens. Diese überhitzte Fluidschicht verdunstet und es bildet sich ein Dampfpolster aus, welches den direkten Flüssigkeits-Festkörper-Kontakt verhindert und damit den übertragenen Wärmestrom deutlich reduziert. Die Siedeverzugszeit beschreibt die Dauer vom ersten Tropfen-Wand-Kontakt bis zur Ausbildung dieses Dampfpolsters. Aufgrund nicht vorhandener Messdaten wurde im Rahmen dieser Arbeit die Siedeverzugszeit von Isopropanol nach Wruck [61] mit $t_{sat} = 22\,\mu$s verwendet. Damit ergibt sich letztendlich die zur Berechnung des Wärmestroms (Gleichung 2.54) relevante Direktkontaktzeit als das Minimum aus der Siedeverzugszeit und der Direktkontaktzeit zu

$$t_{DK} = \min\left(t_{Kont}, t_{sat}\right) \ . \tag{2.58}$$

Weiterhin wird zur Berechnung des während des Tropfen-Wand-Kontaktes übertragenen Wärmestroms nach Gleichung 2.54 die Kontaktfläche benötigt. Ist der zeitliche Verlauf der Tropfendeformation bekannt, kann diese zu

$$A_{Kont} = \frac{1}{t_{DK}} \int_0^{t_{DK}} \frac{\pi}{4} d_{Tr}^2(t) dt \tag{2.59}$$

berechnet werden. Den zeitlichen Verlauf des Tropfendurchmessers gibt Birkhold [57] unterhalb der Zerfallsgrenze mit

$$d_{Tr}(t) = d_{Tr,max} \sin\left(\frac{t}{t_{Kont}}\pi\right) \tag{2.60}$$

und oberhalb der Zerfallsgrenze mit

$$d_{Tr}(t) = d_{Tr,max} \sin\left(\frac{t}{t_{Kont}}\frac{\pi}{2}\right) \tag{2.61}$$

an. Zur Bestimmung des maximalen Tropfendurchmessers verwendet Birkhold [57] die von Akao et al. [64] experimentell bestimmte Korrelation für Wassertropfen von 290 μm Durchmesser

$$\frac{d_{Tr,max}}{d_{Tr,0}} = 0.61We^{0.38} . \tag{2.62}$$

Da einerseits in den hier durchgeführten Untersuchungen Spray-Wand-Interaktionen mit Kohlenwasserstoffen betrachtet werden sollen und andererseits nach Akao et al. [64] insbesondere die Oberflächenspannung einen wichtigen Einfluss auf den Ausbreitungsvorgang des Tropfens an der Wand hat, wurde im Rahmen dieser Arbeit obige Korrelation (s. Gleichung 2.62) auf die Messdaten nach Richter [50] angepasst. Dieser betrachtete in seinen Untersuchungen den für ottomotorische Anwendungen relevanteren Tropfenaufprall von iso-Oktan-Tropfen mit einem allerdings verhältnismäßig großen Tropfendurchmesser von $d_{Tr} = 44\,\mu$m bis $d_{Tr} = 67\,\mu$m.

2.5.3 Modellierung des Wandfilms

Wie in Abschnitt 2.5.1 erläutert, können sich bei Wandtemperaturen unterhalb der oberen kritischen Temperatur $T^*_{crit,high}$ Tropfen an der Wand ablagern. Diese bilden dann einen Wandfilm, welcher in FIRE [13] mittels einer zweidimensionalen Finite-Volumen-Methode modelliert wird, die im folgenden näher betrachtet werden soll. Die wesentlichen Annahmen, die dieser Modellierung zugrunde liegen sind:

- Gasphase und Wandfilm werden als separate Phasen betrachtet, welche über semi-empirische Randbedingungen miteinander gekoppelt sind.
- Im Vergleich zum mittleren Strömungsquerschnitt der Gasphase ist die Filmdicke gering, eine geometrische Gitteranpassung ist somit nicht notwendig.
- Die wellige Oberfläche des Films wird durch eine mittlere Filmdicke und eine der Filmhöhe überlagerten Filmrauigkeit modelliert.
- Die mittlere Filmoberfläche ist parallel zur Wand.
- Aufgrund der geringen Filmhöhen können Trägheits- und seitliche Scherkräfte vernachlässigt werden.
- Die Wandtemperatur ist unterhalb der Leidenfrosttemperatur.

Wandfilmtransport Die wesentliche Erhaltungsgleichung zur Modellierung des Wandfilmtransports ist die Kontinuitätsgleichung für die Erhaltung der Filmdicke h_{Film}:

$$\frac{\partial h_{Film}}{\partial t} + \frac{\partial h_{Film} u_1}{\partial x_1} + \frac{\partial h_{Film} u_2}{\partial x_2} = \frac{1}{\rho A_{cell}} \left(S_{m,Tr} - S_{m,V} \right) . \tag{2.63}$$

Dabei sind $S_{m,Tr}$ und $S_{m,V}$ die Quellterme zur Berücksichtigung der Ablagerung bzw. Verdunstung von Tropfen, u_i die Geschwindigkeitskomponenten und x_i die wandparallelen kartesischen Koordinaten. Unter der Annahme einer in der jeweiligen Zelle konstanten Filmhöhe kann Gleichung 2.63 explizit gelöst werden, vorausgesetzt die Quellterme und die Geschwindigkeitskomponenten sind bekannt. Die in FIRE standardmäßig angewandte Modellierung löst keine Impulsgleichung für den Wandfilm, sondern verwendet zur Bestimmung der Geschwindigkeitskomponenten ein analytisches Geschwindigkeitsprofil nach Holmann [65]. Dieses berücksichtigt den Einfluss der Schwerkraft, der Druckgradienten sowie der Schubspannungen parallel zur Wand, vernachlässigt jedoch den direkten Einfluss des Impulses der ankommenden Tropfen. Da dieser, wie in Abschnitt 5.2 gezeigt, eine deutliche Auswirkung auf den Transport des Wandfilms hat, wurde für diese Untersuchungen die Impulsgleichung des Wandfilms nach Cazzoli et al. [66], bzw. [67] berücksichtigt. Dabei wird der Einfluss des tangentialen Impulses der ankommenden Tropfen durch den Quellterm

$$M_{tan} = \frac{4}{3}\pi\rho\sum_{i=1}^{n} C_i^* \frac{r_{Tr,i}^3 u_{Tr,i}^t}{\Delta t_i^*} \tag{2.64}$$

mit der tangentialen Tropfengeschwindigkeit $u_{Tr,i}^t$, der Dauer des Aufpralls Δt_i^* und einem Korrekturfaktor C_i^* berücksichtigt.

Wandfilm und Gasphase sind wiederum über die Schubspannung an der Phasengrenzfläche gekoppelt. Hier führt der wellige Wandfilm zu einer erhöhten Schubspannung, der wiederum auf die Gasphase den Effekt einer rauen Wand hat. Um den Einfluss dieser Rauigkeit berücksichtigen zu können, wird die Konstante C^+ im logarithmischen Wandgesetz für turbulente Strömungen

$$u^+ = \frac{1}{\kappa}\ln y^+ + C^+ \tag{2.65}$$

als Funktion der Film-Rauigkeit modelliert (siehe FIRE-Manual [13]).

Massen- und Wärmeaustausch Da in ottomotorischen Anwendungen die Wandfilmverdunstung aufgrund des Wärmeübergangs zwischen Film und Wand bzw. Film und Gas eine wesentliche Rolle spielt, muss ebenfalls die Transportgleichung für die Enthalpie des Wandfilms gelöst werden:

$$\frac{\partial h}{\partial t} + \frac{\partial (hu_1)}{\partial x_1} + \frac{\partial (hu_2)}{\partial x_2} = \frac{1}{\rho_f V_{cell}}\left(\dot{Q}_{w-f} + \dot{Q}_{g-f} + \dot{m}_{vap}h_{vap} + \dot{Q}_{imp}\right). \tag{2.66}$$

Dabei beschreiben die Terme $\dot{Q}_{w-f}$ und $\dot{Q}_{g-f}$ den Wärmeaustausch zwischen Film und Wand bzw. Film und Gas, $\dot{Q}_{imp}$ den Enthalpieeintrag durch abgelagerte Tropfen und

$\dot{m}_{vap}h_{vap}$ die Kühlung durch die Verdunstung des Films. Die Wandfilmverdunstung kann dabei grundsätzlich durch das Fick'sche Gesetz der Diffusion

$$\dot{m}'' = -\left[\frac{\rho_g (D_{fg} + D_t)}{1 - c_I}\right] \frac{\partial c}{\partial y} \tag{2.67}$$

beschrieben werden. Der in Abschnitt 2.5.2 beschriebene wichtige Einfluss der Temperatur auf die Filmverdunstung wird dabei durch den temperaturabhängigen Diffusionskoeffizienten D_{fg} sowie durch die ebenfalls temperaturabhängige Dampfkonzentration c_I an der Phasengrenzfläche beschrieben. Weiterhin hat der Konzentrationsgradient $\frac{\partial c}{\partial y}$ einen wichtigen Einfluss auf die Verdunstungsrate. Dieser wird mit einem parabolischen Konzentrationsprofil aufgelöst, was im Falle laminarer Strömungen bzw. Strömungen mit geringen Reynolds-Zahlen zu guten Ergebnissen führt. Bei höheren Gasgeschwindigkeiten wird die Verdunstungsrate mit diesem Ansatz jedoch deutlich unterschätzt (vgl. FIRE-Manual [13]). Für diesen Fall hat sich das von Sill [68] und Himmelsbach [69] entwickelte Modell bewährt. Danach ergibt sich mit der wandparallelen Gasgeschwindigkeit u_g die Verdunstungsrate zu

$$\dot{m}'' = -\rho_g u_g St_m \frac{c - c_I}{1 - c_I} \, , \tag{2.68}$$

mit der dimensionslosen Stanton-Zahl für den Stoffübergang St_m. Im Gegensatz zum vorherigen Ansatz nach Gleichung 2.67 liefert dieser Ansatz gute Resultate bei hohen Reynolds-Zahlen. Bei niedrigen Gasgeschwindigkeiten wird die Verdunstungsrate nach Gleichung 2.68 deutlich unterschätzt, da diese direkt von der wandparallelen Gasgeschwindigkeit u_g abhängt. In FIRE wurde daher eine Kombination der beiden Ansätze implementiert, d. h. abhängig von der Reynoldszahl wird jeweils das Maximum der Verdunstungsrate der beiden Ansätze gewählt. Der Wärmeaustausch zwischen Wand und Film, in Gleichung 2.66 durch den Term $\dot{Q}_{w-f}$ repräsentiert, ist durch

$$\dot{Q}_{w-f} = \alpha_{w-f} A_{cell} (T_w - T_f) \tag{2.69}$$

gegeben. Der Wärmeübergangskoeffizient α_{w-f} zwischen Wand und Film wird von Birkhold [57] unter der Annahme reiner Wärmeleitung mit linearem Temperaturprofil in Wand und Film mit

$$\alpha_{w-f} = \frac{2}{\frac{h_f}{\lambda_f} + \frac{h_w}{\lambda_w}} \tag{2.70}$$

angegeben. Der Wärmeaustausch zwischen Film und Gas $\dot{Q}_{g-f}$ berechnet sich analog zu Gleichung 2.69, wobei der Wärmeübergangskoeffizient α_{g-f} hier direkt Teil der Lösung des Strömungsfeldes ist.

Modellierung mehrkomponentiger Kraftstoffe im Wandfilm Ottomotorische Kraftstoffe bestehen aus einer Vielzahl verschiedener chemischer Komponenten mit deutlich unterschiedlichen Stoffeigenschaften. Wie im Rahmen dieser Arbeit gezeigt, werden dadurch nicht zuletzt auch die bei der Spray-Wand-Interaktion auftretenden Phänomene – und hier insbesondere die Wandfilmverdunstung – stark beeinflusst. Aus diesem Grund wird im Rahmen dieser Arbeit der in Abschnitt 5.4.1 dargestellte diskrete Mehrkomponentenkraftstoff verwendet. In diesem Abschnitt soll kurz auf die Besonderheiten der gewählten mehrkomponentigen Kraftstoffmodellierung im Wandfilm eingegangen werden. Wie in Abbildung 2.11 skizziert, trifft ein mehrkomponentiges Kraftstoffgemisch auf die Wand und wird dann abhängig von den jeweiligen Stoffeigenschaften und dem damit verbundenen Regime der Spray-Wand-Interaktion (vgl. Abschnitt 2.5), im ebenfalls mehrkomponentigen Wandfilm abgelagert.

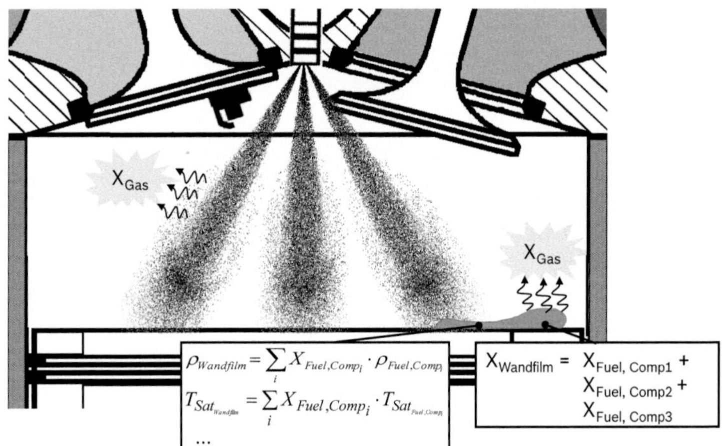

Abbildung 2.11: Skizzierte Darstellung der Modellierung mehrkomponentiger Kraftstoffe in Spray und Wandfilm

Allerdings werden die Stoffeigenschaften des Wandfilms dabei abhängig von der Zusammensetzung des auf die Wand treffenden Kraftstoffgemischs als mittlere Stoffeigenschaften bestimmt, d. h. im Wandfilm besitzen alle Kraftstoffkomponenten die gleichen mittleren Stoffeigenschaften. Dementsprechend verdunsten die einzelnen Kraftstoffkomponenten auch mit den gleichen Stoffeigenschaften, wobei die Massenaufteilung im Wandfilm erhalten bleibt. Die weitere Modellierung der Verbrennung wird in dieser Arbeit lediglich mit einem einkomponentigen Ersatzkraftstoff durchgeführt (siehe Abschnitt 2.4.3). Somit verdunsten, wie in Abb. 2.11 skizziert, alle im Wandfilm enthaltenen Kraftstoffkomponenten in einen einkomponentigen Modellkraftstoff der Gasphase, in diesem Fall iso-Oktan.

2.5.4 Modellierung der thermischen Wandeigenschaften

Da die Oberflächentemperatur sowohl für die Regimeeinteilung der ankommenden Tropfen als auch für den Wärmeübergang beim Tropfen-Wand-Kontakt eine signifikante Bedeutung hat, soll in diesem Abschnitt kurz auf die Modellierung der thermischen Eigenschaften der Wand eingegangen werden.

Eine Möglichkeit, die Wechselwirkung zwischen umgebender Fluidströmung und Wand zu berücksichtigen, ist eine direkte Kopplung zwischen Fluid- und Strukturberechnung. Diese erfordert jedoch neben einem deutlich erhöhten Rechenzeitbedarf eine zusätzliche räumliche Diskretisierung der Wandgeometrie, was insbesondere bei den hier untersuchten motorischen Geometrien einen immensen Zusatzaufwand bedeutet. Um diesen weitestgehend zu vermeiden, die Wechselwirkung der Wand mit dem Fluid und der Umgebung sowie die Wärmeleitung innerhalb der Wand aber dennoch berücksichtigen zu können, wurde in FIRE ein Ansatz zur Modellierung der Wärmeleitung in dünnen Wänden implementiert, welcher im Folgenden kurz erläutert werden soll.

Zur Diskretisierung der Wandoberfläche wird bei diesem Ansatz das entsprechende Fluidoberflächennetz verwendet und eine virtuelle Wanddicke initialisiert. Anschließend wird die Wärmeleitung in wandparalleler Richtung berechnet und ein lineares Temperaturprofil entlang der vorgegeben Wanddicke in Wandnormalenrichtung angenommen. Diese Annahmen sind unter den folgenden Randbedingungen gerechtfertigt:

- Die Wand ist im Verhältnis zu den Abmessungen des Strömungsgebietes dünn.
- Die Wärmeleitung in Wandnormalenrichtung kann gegenüber der Wärmeleitung in wandparalleler Richtung vernachlässigt werden.

Diese Annahmen sind in den hier durchgeführten Untersuchungen im allgemeinen erfüllt, da einerseits in den in Kapitel 5 dargestellten Betrachtungen zur Spray-Wand-Interaktion die Wanddicke sehr dünn ist und andererseits das Spray bzw. der Wandfilm zu einer starken lokalen Auskühlung der Wand führt, dem die Wärmeleitung aus benachbarten Bereichen, also in wandparalleler Richtung, entgegenwirkt. Daher wird zur Berechnung der Wärmeleitung in lateraler Richtung die 2-dimensionale Energiegleichung für die Wandenthalpie h_w eingeführt

$$\frac{\partial h_w}{\partial t} - a_w \frac{\partial^2 h_w}{\partial x_1^2} - a_w \frac{\partial^2 h_w}{\partial x_2^2} = \dot{Q}_{w-u} + \dot{Q}_{w-f} + \dot{Q}_{w-g} + \dot{Q}_{W-Tr} , \tag{2.71}$$

mit der Temperaturleitfähigkeit a_w und den Quelltermen $\dot{Q}_{w-f}$ zur Berücksichtigung des Wärmestroms zwischen Wand und Film (Gleichung 2.69), $\dot{Q}_{w-g}$ zur Berücksichtigung des Wärmestroms zwischen Wand und Gasphase (analog zu Gleichung 2.69, jedoch mit dem

Wärmeübergangskoeffizient α_{w-g}, welcher Teil der Lösung des Strömungsfeldes ist), $\dot{Q}_{W-Tr}$ zur Berücksichtigung des Wärmestroms zwischen Tropfen und Wand (Gl. 2.54) und $\dot{Q}_{w-u}$ zur Berücksichtigung des Wärmestroms zwischen äußerer Wandbegrenzung und Umgebung. Dieser muss vom Anwender entweder direkt oder durch Vorgabe einer entsprechenden Wandtemperatur und eines Wärmeübergangskoeffizienten an der äußeren Wandbegrenzung vorgegeben werden. Damit ist, wie in Abschnitt 5.3 erläutert, insbesondere in motorischen Strömungsberechnungen eine effektive Berücksichtigung der Wandtemperaturabsenkung aufgrund der Spraykühlung möglich.

2.6 Beschreibung der ottomotorischen Verbrennung

Bei dem für diese Untersuchungen verwendeten Einzylinder handelt es sich, wie in Abschnitt 3.3.1 beschrieben, um einen homogen betriebenen Ottomotor mit Direkteinspritzung. Somit kann hier von einer vorgemischten Verbrennung ausgegangen werden, d. h. nach der Zündung breitet sich die Flammenfront der Vormischflamme mit der turbulenten Flammengeschwindigkeit in Richtung des unverbrannten Gemischs aus. Die Größe dieser Ausbreitungsgeschwindigkeit ist dabei von der Intensität des Wärmetransports aus der Brennzone in das unverbrannte Ausgangsgemisch abhängig. Da die laminare Flammenausbreitung auch die Basis für die motorisch relevante turbulente Flammenausbreitung ist, wird hier zunächst kurz die laminare vorgemischte Verbrennung erläutert.

Laminare vorgemischte Verbrennung Die laminare Vormischflamme kann generell in drei Bereiche unterteilt werden (siehe z. B. Peters [70]). In der Vorwärmzone werden die unverbrannten Reaktanden auf die Zündtemperatur T_{ign} aufgeheizt. In der Reaktionszone findet die eigentliche Wärmefreisetzung durch Umsetzung des Brennstoffs zu den stabilen Zwischenprodukten statt. Diese werden in der Ausbrandzone zu den Verbrennungsprodukten oxidiert, Temperatur und Gemischzusammensetzung nähern sich dabei dem Gleichgewichtszustand an. Die Geschwindigkeit, mit der sich die laminare Flamme dabei relativ zum Frischgas bewegt, wird als laminare Flammengeschwindigkeit S_l bezeichnet. Diese wird im Rahmen dieser Untersuchungen anhand der Beziehung nach Metghalchi und Keck [71] berechnet:

$$S_l = S_{l,0} \left(\frac{T}{T_0}\right)^{\alpha} \left(\frac{p}{p_0}\right)^{\beta} (1 - 2.1 \cdot Y_R) \ . \tag{2.72}$$

Dabei bezeichnet Y_R den Massenanteil des Restgases, T_0 und p_0 bezeichnen die Referenzbedingungen bei $T_0 = 298\,\mathrm{K}$ und $p_0 = 1.013\,\mathrm{bar}$. Die Exponenten α und β sowie die

Flammengeschwindigkeit unter atmosphärischen Bedingungen $S_{l,0}$ berechnen sich nach Metghalchi et al. [71] zu:

$$\alpha = 2.18 - 0.8\left(\frac{1}{\lambda} - 1\right) , \tag{2.73}$$

$$\beta = -0.16 + 0.22\left(\frac{1}{\lambda} - 1\right) , \tag{2.74}$$

$$S_{l,0} = B_m + B_\lambda\left(\frac{1}{\lambda} - \frac{1}{\lambda_m}\right)^2 . \tag{2.75}$$

Die Parameter λ_m, B_m und B_λ sind kraftstoffabhängige Modellparameter, die Metghalchi et al. [71] entnommen werden können.

Turbulente vorgemischte Verbrennung Die turbulente Flammengeschwindigkeit S_t beschreibt, analog zum Fall der laminaren Flammengeschwindigkeit, die Fortpflanzungsgeschwindigkeit der turbulenten Flammenfront relativ zum unverbrannten Gas. Diese wird durch die laminare Flammengeschwindigkeit und maßgeblich durch die Turbulenz beeinflusst. Damköhler [72] beschrieb 1940 als erster dieses Verhalten durch den Ansatz

$$\frac{S_t}{S_l} = 1 + \frac{u'}{S_l} . \tag{2.76}$$

Heutzutage wird zur Abschätzung der turbulenten Flammengeschwindigkeit häufig ein Ansatz nach Peters [70], mit

$$\frac{S_t}{S_l} = 1 + c\left(\frac{u'}{S_l}\right)^n , \tag{2.77}$$

verwendet. Dem Exponenten n werden dabei Werte zwischen 0.5 und 1 zugewiesen, der Konstanten A Werte zwischen 1 und 4 (siehe Peters [70]).

2.6.1 Einteilung der motorischen Verbrennungsregime

Die Einteilung der verschiedenen Verbrennungsregime bildet die Grundlage für die Anwendung der in den folgenden Abschnitten beschriebenen Verbrennungsmodelle. Diese Verbrennungsregime lassen sich mit Hilfe eines Verbrennungsdiagramms, des Borghi-Diagramms (nach Borghi [73]), als Funktion dimensionsloser Kennzahlen darstellen. Dabei wird die Verbrennung als Verhältnis aus turbulenter Fluktuation und laminarer Flammengeschwindigkeit $\frac{u'}{S_l}$ in Abhängigkeit vom Verhältnis aus turbulenter Längenskala und laminarer Flammendicke $\frac{l_t}{\delta_l}$ dargestellt und anhand dimensionsloser Kennzahlen in fünf Bereiche unterteilt. Diese dimensionslosen Kennzahlen zur Klassifizierung der unterschiedlichen Verbrennungsregime sind nach Joos [74]:

- Turbulente Reynoldszahl Re_t: Wird in der Definition der Reynolds-Zahl die charakteristische Länge durch die turbulente Längenskala l_t und die Geschwindigkeit durch die turbulente Fluktuationsgeschwindigkeit u' ersetzt, ergibt sich die turbulente Reynolds-Zahl zu:

$$Re_t = \frac{u' l_t}{\nu} \,. \tag{2.78}$$

- Damköhler-Zahl Da: Die Damköhler-Zahl stellt das Verhältnis der charakteristischen Zeitskala von Turbulenz t_t und chemischer Reaktion t_{Fl} dar und beschreibt daher die Wechselwirkung zwischen großen Wirbeln der charakteristischen Länge l_t und der Reaktion:

$$Da = \frac{t_t}{t_{Fl}} = \frac{S_l l_t}{u' \delta_l} \,. \tag{2.79}$$

- Karlovitz-Zahl Ka: Die Karlovitz-Zahl ist als das Verhältnis der Zeitskala t_l der laminaren Flamme zur Kolmogorov-Zeitskala t_K definiert. Sie beschreibt somit den Einfluss der kleinen Wirbel auf die Reaktion:

$$Ka = \frac{t_{Fl}}{t_K} = \left(\frac{\delta_l}{l_K}\right)^2 = \left(\frac{v_K}{S_l}\right)^2 \,. \tag{2.80}$$

Anhand des in Abbildung 2.12 dargestellten Diagrammes kann die vorgemischte Verbrennung damit in die folgenden Bereiche unterteilt werden:

- $Re_t < 1$: Laminare Flammen. Die Flamme wird nur durch Inhomogenitäten der laminaren Strömung beeinflusst. Dieser Bereich ist für die motorische Verbrennung nicht relevant.

- $Ka < 1$: Flamelet-Bereich. Die chemische Zeitskala ist hier stets kleiner als die turbulente Zeitskala, die Reaktionszone kann als dünn gegenüber allen Wirbelabmessungen angesehen werden. Die Reaktionszone wird somit durch die turbulente Strömung nur deformiert und konvektiv transportiert, die innere Struktur der Reaktionszone bleibt jedoch ungestört und kann wie ein laminares Flammenelement (Flamelet) beschrieben werden. Dieser Bereich lässt sich abhängig vom Verhältnis $\frac{u'}{S_l}$ weiter unterteilen:

  - $\frac{u'}{S_l} < 1$: Gewellte Flammen. In diesem Gebiet ist die turbulente Geschwindigkeit langsam im Vergleich zur laminaren Flammengeschwindigkeit. Die Flammenfronten werden kaum aufgewellt und können nicht miteinander interagieren.
  - $\frac{u'}{S_l} > 1$: Gefaltete Flammen. In diesem Bereich sind die Wirbel groß genug, um die Flammenfronten ausreichend zu wellen; es kommt zur Interaktion benachbarter Flammenfronten.

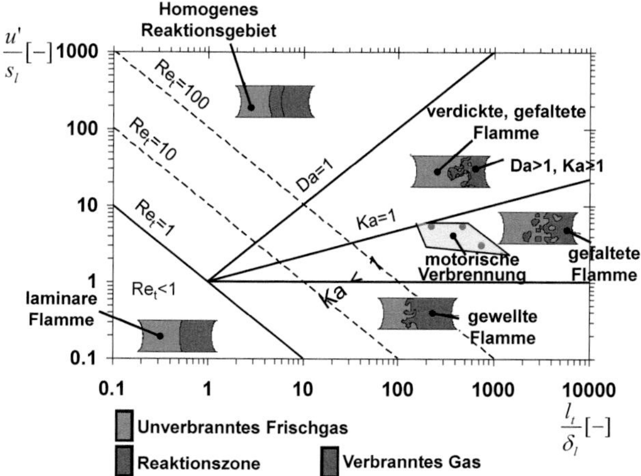

Abbildung 2.12: Regimeeinteilung der vorgemischten Verbrennung, nach Borghi [73], Kröner [75] sowie die skizzierte Einordnung der im Rahmen dieser Arbeit betrachteten motorischen Verbrennung

- $Ka > 1$, $Da > 1$: Verdickte, gefaltete Flammen. Die kleinsten Wirbelklassen sind nun in der Lage, in die Vorwärmzone einzudringen und diese aufzudicken. In diesem Bereich können aufgrund der direkten Interaktion von Flamme und Turbulenz die beiden Prozesse nicht mehr getrennt voneinander betrachtet werden.

- $Da < 1$: Homogenes Reaktionsgebiet. Hier ist die Zeit für die chemische Reaktion länger als die Zeit für die ablaufenden physikalischen Mischprozesse; die Brennrate ist somit unabhängig von den turbulenten Mischungsvorgängen und wird nur noch von der Reaktionskinetik bestimmt.

Der für die motorische Verbrennung relevante Bereich liegt im Gebiet $Ka < 1$, $Da > 1$. Die chemische Zeitskala ist somit stets kleiner als die turbulente Zeitskala, die Reaktionszone kann als dünn angesehen werden und ihre innere Struktur bleibt ungestört. Damit kann die Reaktionszone wie ein laminares Flammenelement beschrieben werden und die Verbrennung mittels der im Folgenden erläuterten Flammenflächenmodelle modelliert werden.

2.6.2 Theorie der Flammenflächenmodelle

Flammenflächenmodelle beschreiben die zeitliche Entwicklung der Flammenfrontgeometrie unter der Annahme, dass die Reaktionszone als dünn gegenüber den Wirbelabmessungen angesehen werden kann. Wie im vorigen Abschnitt dargestellt, ist diese Annahme im Fall der motorischen Verbrennung erfüllt. Die Reaktionszone wird somit nicht durch die turbulente Strömung modifiziert, chemische Reaktion und turbulentes Strömungsfeld können separat behandelt werden. Die Geometrie der Flammenfront kann dabei grundsätzlich auf verschiedene Weise modelliert werden, im Rahmen dieser Arbeit wurde aber ein Modell auf Basis der Flammenfrontdichte angewandt, welches im Folgenden erläutert werden soll. Die Flammenfrontdichte Σ ist dabei ein Maß für die in einem Volumen zur Verfügung stehende Flammenfrontoberfläche. Diese wird durch das turbulente Strömungsfeld konvektiv und diffusiv transportiert, gekrümmt und gestreckt. Die chemische Reaktion wird über die Reaktionsgeschwindigkeit $\dot{\Omega}_c$ beschrieben und kann je nach Modellierung mehr oder weniger komplex berücksichtigt werden.

2.6.3 Extended Coherent Flame Model (ECFM)

Grundlage des ECFM-Modells nach Colin et al. [76] ist die Lösung einer Transportgleichung für die Flammenfrontoberflächendichte Σ

$$\frac{\partial \Sigma}{\partial t} + \frac{\partial}{\partial x_j}(\tilde{u_j}\Sigma) - \frac{\partial}{\partial x_j}\left(\frac{\nu_t}{Sc_t}\frac{\partial \Sigma}{\partial x_j}\right) = S_\Sigma = S_g - S_a \ , \tag{2.81}$$

mit der turbulenten kinematischen Viskosität ν_t und der turbulenten Schmidt-Zahl Sc_t. Gleichung 2.81 beinhaltet weiterhin verschiedene Quellterme zur Bildung und Vernichtung der Flammenfrontoberflächendichte. Diese sind:

- S_g:

$$S_g = \alpha K_t + \frac{2}{3} S_l \frac{1-c}{c} \Sigma \tag{2.82}$$

  Gleichung 2.82 berücksichtigt zum einen durch den zweiten Term die Produktion der Flammenfrontoberflächendichte aufgrund der thermischen Flammenexpansion und -krümmung, zum anderen durch den ersten Term die Produktion der Flammenfrontoberflächendichte aufgrund der Streckung durch turbulente Wirbel, wobei α eine Konstante und K_t die Streckungsrate ist. Diese wird nach dem Intermittent Turbulence Net Flame Stretch-Modell (ITNFS) (vgl. Meneveau et al. [77]) berechnet und reduziert die Reaktionsrate bei kleinen Längenskalen. Die Reaktionsfortschrittsvariable c in Gleichung 2.82 berechnet sich abhängig vom Verhältnis des ursprünglichen Kraftstoffmassenanteils $Y_{fu,T}$ vor der Verbrennung zum Kraftstoffmassenbruch der unverbrannten Zone $Y_{fu,fr}$ zu

$$c = 1 - \frac{Y_{fu,fr}}{Y_{fu,T}} \ . \tag{2.83}$$

- S_a: Durch den Term S_a,

$$S_a = \beta S_l \frac{\Sigma^2}{1-c} , \tag{2.84}$$

wird die Vernichtung der Flammenfrontoberflächendichte aufgrund der Verbrennung berücksichtigt. Die Konstante β ist wie die Konstante α in Gleichung 2.82 eine Modellkonstante und wird mit $\beta = 1$ angegeben (vgl Colin et al. [76]).

Die mittlere Reaktionsgeschwindigkeit ergibt sich dann als Produkt der Flammenfrontoberflächendichte Σ und der laminaren Flammengeschwindigkeit S_l zu:

$$\overline{\dot{\omega}_c} = \bar{\rho}_{fr} Y_{fu,fr} S_l \Sigma . \tag{2.85}$$

Die laminare Flammengeschwindigkeit S_l wird wiederum entsprechend dem in Abschnitt 2.6 beschriebenen Ansatz nach Metghalchi und Keck [71] berechnet. Nach Gleichung 2.72 muss zur Bestimmung der laminaren Flammengeschwindigkeit sowohl die Frischgastemperatur als auch der Restgasmassenanteil bekannt sein. Zur Bestimmung der Frischgaszusammensetzung wurden von Colin et al. [78] Transportgleichungen für die Tracer der Spezies Kraftstoff, O_2, CO, NO, H_2 eingeführt. Die Massenanteile der weiteren Spezies N_2, CO_2 und H_2O werden jeweils aus der Stickstoff-, Kohlenstoff-, bzw. Wasserstoff-Bilanz ermittelt. Weiterhin wird eine Transportgleichung der Enthalpie des Frischgases berücksichtigt, so dass in Kombination mit der bekannten Frischgaszusammensetzung die Frischgastemperatur ermittelt werden kann. Weiterhin kann aus dem bekannten Stickstoff-, Kohlendioxid- und Wassermassenanteil der zur Berechnung der laminaren Flammengeschwindigkeit (Gleichung 2.72) notwendige Restgasmassenanteil bestimmt werden. Zur Berücksichtigung des Einflusses der Dissoziation sowie eventueller Nachreaktionen wird in der verbrannten Zone zusätzlich die kinetische Oxidation von CO berücksichtigt

$$CO + OH \rightleftharpoons CO_2 + H . \tag{2.86}$$

Die Reaktionskonstanten der Hin- und Rückreaktion sind dabei dem n-Heptan Mechanismus nach Curran et al. [79] entnommen. Zudem sind OH und H in dieser Reaktion Gleichgewichtskonzentrationen, d. h. die CO_2-Dissoziations- bzw. die CO-Oxidationsrate beeinflusst deren Konzentration nicht. Des Weiteren werden die folgenden Gleichgewichtsreaktionen berücksichtigt (vgl. Meintjes et al. [80])

$$\begin{aligned} N_2 &\rightleftharpoons 2N \\ O_2 &\rightleftharpoons 2O \\ H_2 &\rightleftharpoons 2H \\ 2OH &\rightleftharpoons O_2 + H_2 \\ 2H_2O &\rightleftharpoons O_2 + 2H_2 \end{aligned} \tag{2.87}$$

und die Spezies-Massenanteile sowie die Enthalpie der verbrannten Zone entsprechend aktualisiert.

2.6.4 Alternative Ansätze zur Modellierung der Verbrennung

Insgesamt ist mit dem im vorigen Abschnitt erläuterten Extended Coherent Flame Model (ECFM) eine detaillierte Beschreibung der bei der ottomotorischen Verbrennung ablaufenden Prozesse möglich. Des Weiteren finden sich aber auch noch eine Vielzahl alternativer Ansätze zur Beschreibung der turbulenten vorgemischten Verbrennung im ottomotorisch relevanten und in Abschnitt 2.6.1 beschriebenen Flamelet-Regime. Die gängigsten unter ihnen sollen im folgenden Abschnitt kurz erläutert werden.

- Flammenfaltungsmodell: Ein vergleichsweise weit verbreitetes Verbrennungsmodell ist das Flammenfaltungsmodell nach Weller [81]. Zentrale Größen dieses Modells sind dabei eine Reaktionsregressvariable b, welche sich in Abhängigkeit von der Fortschrittsvariablen c zu $b = 1 - c$ ergibt, sowie ein Flammenfaltungsfaktor Ξ. Dieser beschreibt das Flammenoberflächenverhältnis aus laminarer und turbulenter Flammenoberfläche:

$$\Xi = \frac{A_l}{A_t} = \frac{S_l}{S_t} \,. \tag{2.88}$$

  Zur Ermittlung der zeitlichen und räumlichen Entwicklung des Flammenfortschritts c und der Flammenfaltung Ξ werden von Weller zwei Transportgleichungen angegeben. Für weitere Details wird an dieser Stelle auf Weller [81] und Weller et al. [82] verwiesen.

- G-Gleichungsmodell: Das G-Gleichungsmodell nach Peters [83] basiert auf einer Feldgleichung für einen passiven Skalar G, der sogenannten G-Gleichung

$$\frac{\partial G}{\partial t} + u_i \frac{\partial G}{\partial x_i} = S_F \left| \frac{\partial G}{\partial x_i} \right| \,, \tag{2.89}$$

  wobei der Wert $G = G^0$ die momentane Position der Flammenfront beschreibt. Gleichung 2.89 wurde von Peters [83] durch zeitliche Mittelung auf turbulente Flammen übertragen:

$$\bar{\rho}\frac{\partial \bar{G}}{\partial t} + \bar{\rho}\tilde{u}_i \frac{\partial \bar{G}}{\partial x_i} = \bar{\rho} S_t \left| \frac{\partial \bar{G}}{\partial x_i} \right| - \bar{\rho} D_t \tilde{\kappa} \left| \frac{\partial \bar{G}}{\partial x_i} \right| \,. \tag{2.90}$$

  Dabei repräsentiert der erste Term der rechten Seite die Änderung des G-Feldes aufgrund der turbulenten Flammenausbreitung, der zweite Term den Einfluss der mittleren Flammenfrontkrümmung κ. Vorteil des G-Gleichungsmodells ist unter anderem, dass die G-Gleichung keine dünnen Flammenfronten voraussetzt und damit prinzipiell auch in dem in Abschnitt 2.6.1 beschriebenen Bereich der verdickten, gefalteten Flammen einsetzbar ist. Zudem muss kein Quellterm für G geschlossen werden, da G nicht reaktiv ist.

Einen Vergleich zwischen den mit oben beschriebenen Verbrennungsmodellen berechneten und experimentell an einem Einzylinderaggregat ermittelten Druckverläufen wurde von Kraus [84] im Rahmen seiner Untersuchungen durchgeführt. Dabei wurde sowohl ein Betriebspunkt im unteren Teillastbereich ($n_{Mot} = 2000\,\text{min}^{-1}, p_{mi} = 3\,\text{bar}$) als auch ein Betriebspunkt im oberen Teillastbereich ($n_{Mot} = 2000\,\text{min}^{-1}, p_{mi} = 10\,\text{bar}$) untersucht. Wie aus Abbildung 2.13 ersichtlich, kann mit allen untersuchten Verbrennungsmodellen der gemessene Druckverlauf zufriedenstellend wiedergegeben werden, wobei sich im Detail deutliche Unterschiede der einzelnen Modelle zeigen. So berechnet das G-Gleichungsmodell den Spitzendruck tendenziell zu hoch. Dagegen unterschätzt das ECFM den Spitzendruck im unteren Teillastbetriebspunkt und überschätzt diesen im oberen Teillastbetriebspunkt. Das Weller-Modell verhält sich wiederum genau entgegengesetzt.

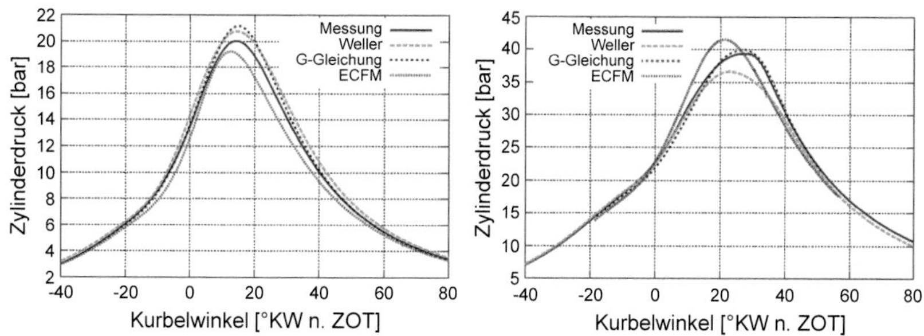

Abbildung 2.13: Vergleich der mit versch. Verbrennungsmodellen berechneten und gemessenen Druckverläufe für einen Betriebspunkt im unteren Teillastbereich (links) sowie einen Betriebspunkt im oberen Teillastbereich (rechts), nach Kraus [84]

Hermann [24] führte im Rahmen seiner Arbeit einen Vergleich der mittels des Weller-Modells berechneten und den experimentell am Motorprüfstand ermittelten Zylinderdruckverläufe durch. Dabei konnte er sowohl bei einer Variation des Zündzeitpunktes als auch bei einer Variation der Abgasrückführrate an einem Schichtbetriebspunkt im unteren Teillastbereich ($n_{Mot} = 2000\,\text{min}^{-1}, p_{mi} = 3\,\text{bar}$) gute Übereinstimmungen zwischen gemessenen und berechneten Druckverläufen zeigen. Lediglich bei einer Erhöhung der Abgasrückführrate von 10% auf 30% wird der Spitzendruck in der Berechnung geringfügig überschätzt.

Knop et al. [85] führten im Rahmen ihrer Untersuchungen einen Vergleich zwischen den mittels des Coherent Flame Modells berechneten und den gemessenen Druckverläufen an einem Teillastbetriebspunkt mit $n_{Mot} = 1000\,\text{min}^{-1}$ und $p_{mi} = 9.5\,\text{bar}$ durch. Dabei wurde zusätzlich der Einfluss der Gemischaufbereitung anhand eines Vergleichs zwischen einem

Betrieb mit Saugrohreinspritzung sowie mit Benzindirekteinspritzung untersucht. Bei beiden Betriebsarten wird, wie in Abbildung 2.14 dargestellt, der Spitzendruck tendenziell zu hoch berechnet. Dennoch ergibt sich insgesamt eine zufriedenstellende Übereinstimmung, die berechneten Druckverläufe liegen innerhalb der Schwankungsbreite der gemessenen Einzelzyklen.

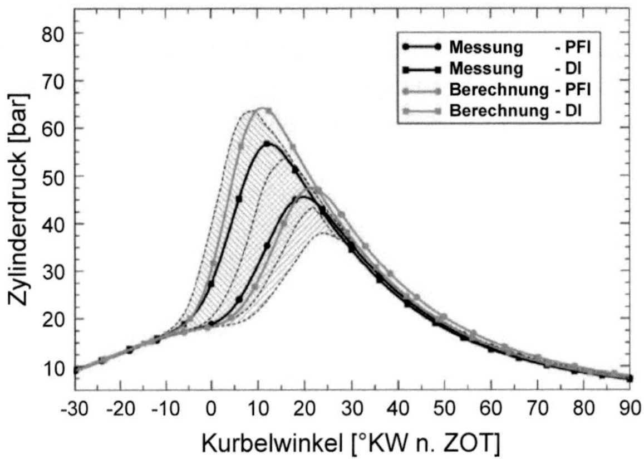

Abbildung 2.14: Vergleich der berechneten und gemessenen Druckverläufe für einen Teillastbetriebspunkt mit Saugrohreinspritzung und einen Teillastbetriebspunkt mit Benzindirekteinspritzung, nach Knop et al. [85]

Wie aus den dargestellten Untersuchungen ersichtlich, kann mit den momentan vorhandenen Modellen zur Berechnung der ottomotorischen Verbrennung eine zufriedenstellende Übereinstimmung zur Messung erzielt werden, wenngleich der gemessene Druckverlauf nicht in allen Details exakt wiedergegeben werden kann. Dabei ist jedoch zusätzlich zu beachten, dass es sich bei den dargestellten gemessenen Druckverläufen um gemittelte Druckverläufe handelt. In Abbildung 2.15 sind für den in Abschnitt 6.2 untersuchten Teillastbetriebspunkt die Druckverläufe mehrerer Einzelzyklen dem gemittelten Zyklus gegenübergestellt. Dabei ergeben sich teilweise deutliche Abweichungen der Einzelzyklen vom mittleren Zyklus, die sogenannten Zyklenschwankungen. Die Ursachen dieser Zyklenschwankungen wurden in einer Vielzahl an Arbeiten untersucht, z.B. Ozdor et al. [86], Matekunas [87], Heywood [88]. Danach beginnen die Ursachen der Zyklenschwankungen mit den stochastischen Schwankungen der Zylinderinnenströmung resultierend aus dem Ladungswechsel. Diese beeinflussen unter anderem die Gemischbildung und damit die Flammenkernbildung sowie die anschließende Verbrennung. Resultat ist ein entsprechend unrunder Motorlauf und im Extremfall Verbrennungsaussetzer mit dementsprechend hohen HC-Emissionen. Die im

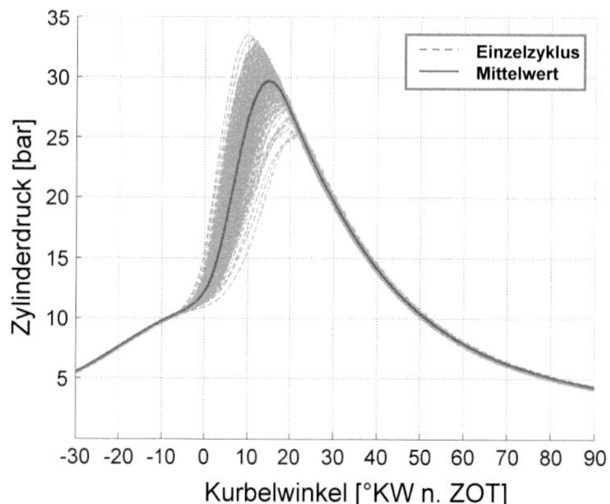

Abbildung 2.15: Gemessene Einzelzyklen (grau) und gemittelter Druckverlauf für den Betriebspunkt 1 (s. Abschnitt 6.1)

Rahmen dieser Untersuchungen durchgeführten RANS-Simulationen können diese Zyklenschwankungen nicht wiedergeben. Sie erlauben lediglich unter Vorgabe der entsprechenden Randbedingungen die Berechnung eines mittleren Zyklus. Insofern kann die Übereinstimmung zwischen Berechnung und Messung als zufriedenstellend angesehen werden, wenn der berechnete Druckverlauf in der Hüllkurve der experimentellen Druckverläufe, also zwischen maximalem und minimalem gemessenem Druckverlauf, liegt. Diese Übereinstimmung stellt wiederum eine wichtige Randbedingung für die im folgenden Abschnitt beschriebene Modellierung der Rußemissionen dar.

2.7 Modellierung der Rußemissionen

Nicht zuletzt aufgrund zukünftig deutlich verschärfter Emissionsgesetzgebungen rückt die Reduktion der Partikelemissionen in den Fokus der Entwicklung von Ottomotoren mit Direkteinspritzung. Die Partikelentstehung ist dabei ein äußerst komplexer, zweiphasiger, chemischer und physikalischer Prozess, bei welchem während der Verbrennung innerhalb kürzester Zeit eine große Anzahl fester Partikel entstehen können. Dieser ist dank zahlreicher Forschungsarbeiten, vgl. Übersichten bei Pflaum et al. [89], Mansurov [90], Kennedy [91], in den Grundzügen bekannt. Die Details der Rußbildung wie z.B. der Übergang von Gas- zu Partikelphase sind allerdings noch nicht vollständig verstanden und weiterhin Gegenstand der Forschung. Nach dem heutigen Wissensstand besitzt die Partikelentstehung in etwa den in Abbildung 2.16 dargestellten und im folgenden erläuterten Ablauf:

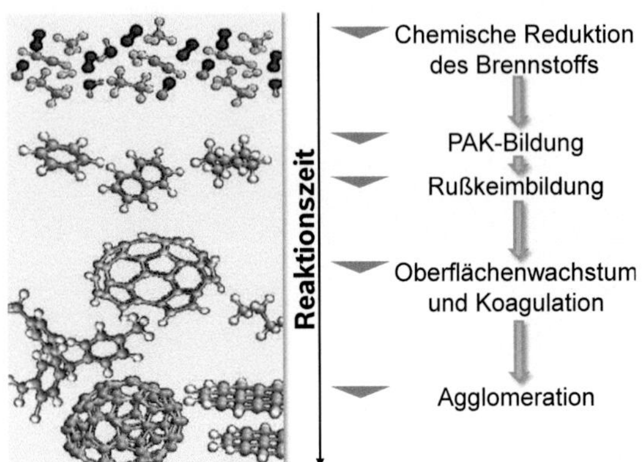

Abbildung 2.16: Russbildungsphasen, nach DLR [92], Bockhorn [93]

- **Chemische Reduktion der Brennstoffmoleküle:** Die Brennstoffmoleküle werden unter sauerstoffarmen Bedingungen zu kleineren C_1-C_2-Kohlenwasserstoffen reduziert (vgl. Warnatz [94]). Dabei sind die entstehenden Alkene, Dialkene und Alkine und deren Radikale von besonderer Bedeutung für den nachfolgenden Schritt.

- **Bildung polyzyklischer aromatischer Kohlenwasserstoffe (PAK):** Das im vorherigen Schritt entstandene Acetylen spielt eine wichtige Rolle bei der Bildung der polyzyklischen aromatischen Kohlenwasserstoffe (PAK), da daraus der erste Benzolring entstehen kann (vgl. Frenklach et al. [95], Bockhorn et al. [96]). Weiterhin wird angenommen, dass das Wachstum der PAK auch durch die im Kraftstoff enthaltenen aromatischen Verbindungen begünstigt wird (vgl. McKinnon [97], Böhm et al. [98]).

- **Rußkeimbildung (Nukleation):** Ein möglicher Mechanismus der Rußkeimbildung ist die Kollision zweier PAK-Moleküle, welche ab einer bestimmten Größe über van der Waals-Kräfte aneinander haften bleiben können (Merker et al. [14]). Die so gebildeten Rußkerne sind von entscheidender Bedeutung für die weitere Rußbildung.

- **Oberflächenwachstum und Koagulation:** Dabei lagern sich Moleküle aus der Gasphase, z.B. Ethin-Moleküle oder Sulfate, an die Rußpartikel an. In diesem Schritt wird ein Großteil des Rußes gebildet (Mauß et al. [99]). Zusätzlich führt bei kleinen Partikeln eine Kollision zur Koagulation, d. h. die beiden Partikel bilden ein größeres Partikel.

- **Agglomeration von Rußprimärteilchen:** Die im vorherigen Schritt gebildeten größeren Partikel agglomerieren, d. h. die Partikel haften aneinander, und bilden die ersten Rußprimärteilchen. Hierbei wird die Partikelmasse erhöht, wohingegen die Partikelanzahl bei konstanter Rußmasse reduziert wird (vgl. Richter et al. [100]).

- **Oxidation der Rußpartikel:** Die Rußpartikel können während des gesamten Rußbildungsprozesses oxidieren. Dabei wird die Rußmasse reduziert, indem CO und CO_2 gebildet wird (vgl. Richter et al. [100]), wofür sowohl atomarer Sauerstoff O, als auch OH-Radikale und Sauerstoffmoleküle O_2 eine wichtige Rolle als Oxidationspartner spielen können (vgl. Heywood [88]).

Eine wichtige Rolle bei der oben genannten Rußentstehung spielt die Temperatur. Dabei kann eine hohe Temperatur sowohl die Bildung als auch die Oxidation von Ruß begünstigen, allgemein gilt jedoch ein Temperaturbereich von $1500\,\mathrm{K} < T < 2200\,\mathrm{K}$ als Rußbildungsbereich. Wie aus Abbildung 2.17 ersichtlich, setzt die Rußbildung in diesem Temperaturbereich unter dem Vorhandensein entsprechend kraftstoffreicher Zonen ($\lambda < 0.6$) ein (vgl. Kubach et al. [2], Schubiger [101]).

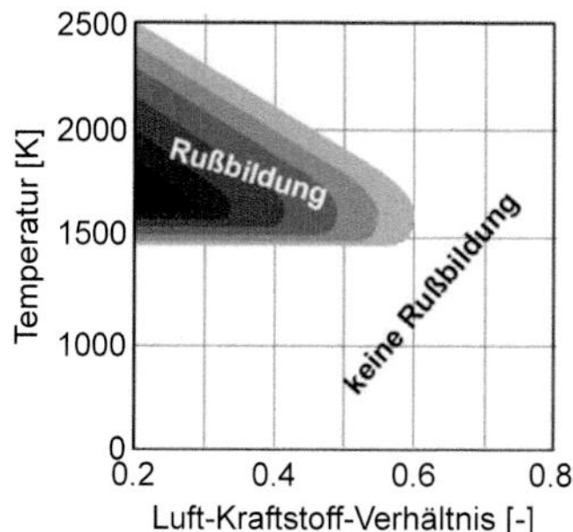

Abbildung 2.17: Rußbildungsbereiche, nach Kubach et al. [2], Schubiger [101]

Insgesamt ist die Rußbildung nach Warnatz et al. [8] ein reaktionskinetisch kontrollierter Prozess, zu dessen Modellierung sowohl phänomenologische als auch detaillierte Ansätze verwendet werden können. Diese sollen im folgenden kurz erläutert werden.

2.7.1 Modellierung der Rußentstehung und Rußoxidation

Die Rußbildung und -oxidation ist insbesondere unter motorischen Bedingungen ein sehr komplexer Prozess, dessen Modellierung im Wesentlichen für qualitative Fragestellungen geeignet ist. Dies rechtfertigt auch heute noch den Einsatz sehr einfacher, sogenannter **phänomenologischer Modelle**. Dabei werden die physikalischen und chemischen Prozesse nur sehr eingeschränkt aufgelöst, mit dem Vorteil eines entsprechend geringen

Rechenaufwandes. Dementsprechend werden diese Modelle häufig zur Berechnung von qualitativen Trendaussagen zur Rußemission in motorischen Strömungsberechnungen eingesetzt. Ein häufig verwendeter Vertreter dieser phänomenologischen Modelle ist das 2-Gleichungsmodell nach Nishida und Hiroyasu [102]. Dieses beschreibt die komplexen Prozesse der Rußentstehung und -oxidation mit jeweils einer empirischen Gleichung. Die Rußbildung wird dabei als direkt proportional zur Kraftstoffkonzentration, die Rußoxidation als proportional zur Sauerstoffkonzentration angenommen. Da jedoch bei dieser Modellierung die Modellkonstanten der Quellterme problemspezifisch angepasst werden müssen, sind mit diesem Modell lediglich Trendaussagen und insbesondere keine Vorausberechnungen möglich.

Eine Alternative zu der oben beschriebenen phänomenologischen Modellierung stellt die **detaillierte Rußmodellierung** dar. Dabei wird, unter der Annahme, dass die in Abschnitt 2.7 beschriebene PAK-Bildung den geschwindigkeitsbestimmenden Schritt in der Rußentstehung darstellt, eine detaillierte Reaktionskinetik der Kohlenwasserstoffoxidation und der PAK-Bildung berücksichtigt. Diese wiederum wird mit einer phänomenologischen Beschreibung der Rußkeimbildung, des Oberflächenwachstums, der Koagulation, der Agglomeration und der Oxidation der Rußpartikel gekoppelt (vgl. Frenklach et al. [103], Mauß [104]).

Im Rahmen dieser Arbeit wird die Rußbildung und -oxidation mittels eines detaillierten Rußmodells berechnet, basierend auf einem detaillierten chemischen Reaktionsmechanismus entsprechend den Ansätzen nach Appel et al. [105] und Agafonov et al. [106]. Dieses kombiniert die beiden Ansätze zur Rußentstehung durch PAK-Bildung und -wachstum (Appel et al. [105]) sowie durch Bildung und Wachstum von Polyinen (Agafonov et al. [106]). Des Weiteren wird das Oberflächenwachstum sowohl durch den sogenannten HACA-Mechanismus (vgl. Frenklach et al. [103], Wasserstoffabstraktion und Kohlenstoffaddition in Form von C_2H_2), als auch durch Addition von Polyinmolekülen modelliert. Der gesamte detaillierte Reaktionsmechanismus zur Rußbildung und -oxidation umfasst dabei 1850 Gasphasenreaktionen mit 186 Spezies sowie 100 heterogene Reaktionen. Dieser wurde, um eine effiziente Implementierung in der CFD-Software FIRE zu ermöglichen, entsprechend reduziert. Insgesamt ist mit der beschriebenen detaillierten Rußmodellierung ein großer Fortschritt in der Modellierung der Rußbildung und -oxidation gemacht worden. Dennoch ist, wie oben erläutert, die resultierende Rußmenge stark von den chemischen Prozessen in der Gasphase abhängig, die wiederum stark von der Modellierung der vorangehenden Prozesse wie der Einspritzung und Gemischbildung abhängig sind. Somit ist eine detaillierte und validierte Modellierung der Einspritzung (siehe Kapitel 4), der Spray-Wand-Interaktion (siehe Kapitel 5) und auch der Zündung und Verbrennung (siehe Kapitel 6) eine entscheidende Voraussetzung für eine aussagekräftige Berechnung der Rußemissionen.

Kapitel 3

Experimentelle Untersuchungen

3.1 Spraykammermessungen

In den nachfolgenden Abschnitten sollen die zur Validierung der in Kapitel 2 beschriebenen Modelle durchgeführten experimentellen Untersuchungen näher erläutert werden. Der Aufbau dieses Kapitels orientiert sich dabei an der in Kapitel 2 verwendeten Gliederung, d.h. zunächst sollen an dieser Stelle die Spraykammermessungen zur Validierung der in Abschnitt 2.4 erläuterten Modellierung der Einspritzung und Gemischbildung dargestellt werden, bevor dann in den folgenden Abschnitten auf die Grundsatzuntersuchungen zur Spray-Wand-Interaktion sowie die motorischen Untersuchungen eingegangen wird. Für sämtliche im Rahmen dieser Arbeit durchgeführten Untersuchungen wurde dabei ein Sechslochinjektor mit symmetrischem Strahllayout verwendet. Die wesentlichen Eigenschaften dieses Injektors können Tabelle 3.1 entnommen werden.

Um die Phänomene der Strahlausbreitung entkoppelt vom Einfluss der Ladungsbewegung und der Verdampfung analysieren zu können, wurden für diese Untersuchungen Spraykammermessungen verwendet. Die Abmessungen der Spraykammer waren dabei so gewählt, dass keine Interaktion mit der Wand stattfindet. Zur optischen Analyse der Einspritzstrahlen wurde das in Abb. 3.1 skizzierte Schattenlicht-Verfahren angewandt. Dabei wird der Sensor der Kamera direkt beleuchtet und das Spray absorbiert bzw. reflektiert Teile des Lichts. Damit können, wie in Abb. 3.1 gezeigt, die wesentlichen Strahleigenschaften analysiert werden. Wie in Tab. 3.1 zusammengefasst, wurden die Messungen bei Umgebungsbedingungen durchgeführt, was in erster Näherung den motorischen Randbedingungen einer Einspritzung in den Saughub entspricht. Zusätzlich wurden, wie aus Abb. 3.2 ersichtlich, verschiedene Kriterien zur Bewertung der Güte des Simulationsergebnisses eingeführt. Als wichtige quantitative Kriterien dienen dabei die Penetration sowie der Spraykegelwinkel α des gesamten Sprays. Dabei ist jedoch, insbesondere beim

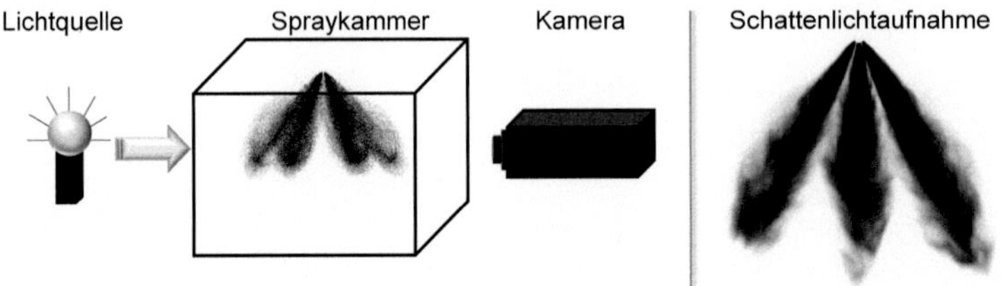

Abbildung 3.1: Skizzierte Darstellung des Schattenlicht-Verfahrens

Abbildung 3.2: Kriterien zur Spraycharakterisierung

Tabelle 3.1: Randbedingungen der Spraykammermessungen und Eigenschaften des verwendeten Injektors

Kammertemperatur T_K	293 K
Kammerdruck p_K	1.1 bar
Kraftstoff	n-Heptan (C_7H_{16})
Kraftstofftemperatur T_{Kra}	294 K
Injektor	BOSCH HDEV5
Lochzahl	6
Lochdurchmesser	0.181 mm
Einspritzdruck	50 – 200 bar

Vergleich mit den in Abschnitt 4.3 dargestellten numerischen Ergebnissen, zu beachten, dass die gemessenen Werte dieser Größen unter anderem vom definierten Schwellwert der Lichtintensität abhängig sind. Des Weiteren werden in der Messung pro Betriebspunkt 25 Einspritzungen in Folge durchgeführt und die aufgenommenen Einzelbilder anschließend zum jeweiligen Zeitpunkt Ensemble-gemittelt. Wie aus dem in Abb. 3.3 gezeigten Vergleich zwischen Mittelwert- und Einzelbild ersichtlich, „verschwimmen" bedingt durch die Schwankungen in der Strahlausbreitung von Einspritzung zu Einspritzung insbesondere die äußeren Strahlkonturen mit dem Hintergrund.

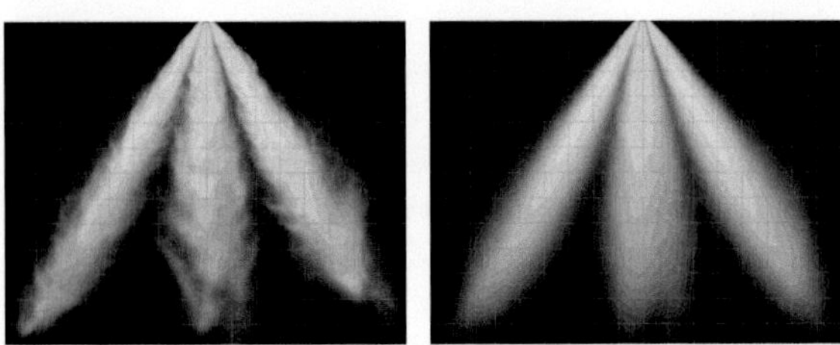

Abbildung 3.3: Vergleich zwischen Einzelbild (a) und Mittelwertbild (b), $p_{Rail} = 200\,\text{bar}$

3.2 Grundsatzuntersuchungen zur Spray-Wand-Interaktion

Analog zu den im obigen Abschnitt beschriebenen Spraykammermessungen sind auch Untersuchungen zur Spray-Wand-Interaktion in einem gefeuerten Ottomotor nicht realisierbar. Daher wird auch hier versucht, die Spray-Wand-Interaktion entkoppelt von den restlichen motorischen Phänomenen, wie z.B. der Verbrennung, zu betrachten. Dazu wird für die in Kapitel 5 dargestellte Validierung des Spray-Wand-Interaktionsmodells auf Messdaten aus zwei grundlagenorientierten Studien, welche am Lehrstuhl für Technische Thermodynamik (LTT) der Otto-von-Guericke-Universität Magdeburg durchgeführt wurden, zurückgegriffen. Dabei wurden zum einen Messungen der Wandtemperatur mittels Infrarotthermografie zur Bestimmung der Temperaturverteilung während der Spray-Wand-Interaktion bis hin zur Filmverdunstung durchgeführt. Zum anderen erfolgte die Ermittlung der ortsabhängigen Kraftstofffilmhöhen mittels laserinduzierter Fluoreszenz.

3.2.1 Fluoreszenz-basierte Untersuchungen

Die Filmmasse und deren örtliche Verteilung ist eine der relevanten Größen von Kraftstoffwandfilmen. Diese Informationen können mit Hilfe der Methode der Laser-Induzierten Fluoreszenz (LIF) ermittelt werden. Der experimentelle Aufbau für die von Schulz et al. [107] durchgeführten Untersuchungen ist in Abbildung 3.4 dargestellt.

Als Ersatzkraftstoff wurde für die Experimente Iso-Oktan mit 5 Volumenprozent des Tracers 3-Pentanon versetzt. Zur Ermittlung der Filmhöhen wird ein Strahl des untersuchten Sechsloch-Injektors auf ein Quarzglas, welches die Kolbenoberfläche repräsentiert, aufgespritzt. Sowohl der Nd:YAG Laser, welcher den Tracer anregt, als auch die Kamera befinden sich unterhalb der Quarzoberfläche. Nach der Einspritzung wird der Tracer im Wandfilm durch Lichtpulse mit 266 nm Wellenlänge zur Fluoreszenz gebracht. Anhand der Intensität des Fluoreszenzsignals können dann Rückschlüsse auf die Filmhöhe gezogen werden.

Bei den hier erläuterten LIF-Experimenten muss zwei Aspekten besondere Sorgfalt gewidmet werden. Zum einen ist das Fluoreszenzsignal sehr empfindlich gegenüber Störeinflüssen, wobei unter anderem die korrekte Filterwahl und kurze Kameraverschlusszeiten helfen, ein aussagefähiges LIF-Signal zu erhalten. Zum anderen können quantitative Aussagen nur nach einer detaillierten Kalibrierung gewonnen werden. Für die hier durchgeführten Untersuchungen wurden drei Kalibrierungsmethoden getestet, wobei die Tropfenkalibrierung (vgl. Drake et al. [108]) letztlich für die Auswertung verwendet wurde. Eine ausführli-

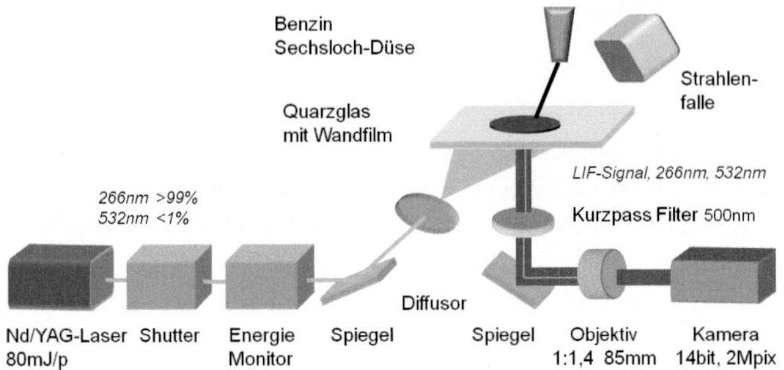

Abbildung 3.4: Schematischer Versuchsaufbau der Fluoreszenz-basierten Untersuchungen, nach Schulz et al. [107]

che Darstellung der Bestandteile des Versuchsaufbaus, der Signalwellenlängen und der Kalibrierung kann Schulz et al. [107] entnommen werden.

Abbildung 3.5 zeigt beispielhaft das für einen Abstand zwischen Glasplatte und Injektor von $x = 25\,\mathrm{mm}$ gemessene Filmhöhenfeld eines der sechs Einspritzstrahlen des oben beschriebenen Injektors zu einem Zeitpunkt von $t = 10\,\mathrm{ms}$ nach Einspritzbeginn. Auffällig ist hier die geringe Filmhöhe im Bereich des Strahlauftreffpunktes sowie die durch den Strahlimpuls bedingte Akkumulation des Kraftstoffs im vorderen, strahlabgewandten Bereich des Wandfilmgebietes. Dies ist im wesentlichen durch den wandtangentialen Impuls des auftreffenden Kraftstoffs bedingt (vgl. Abschnitt 5.2).

3.2.2 Infrarotthermographische Untersuchungen

Die Oberflächentemperatur ist ein Parameter, der auf den gesamten Prozess von der Spray-Wand-Interaktion über die Wandfilmbildung bis hin zur Wandfilmverdunstung einen wesentlichen Einfluss hat. Aus diesem Grund ist die Kenntnis der sich während des Einspritzvorganges ändernden Wandtemperatur für die Simulation von großer Bedeutung. Da jedoch die Ermittlung der Kolbenoberflächentemperaturen im gefeuerten Betrieb eines Ottomotors nur begrenzt und unter hohem Aufwand möglich ist (vgl. Abschnitt 3.3.2), wurden zunächst Grundsatzuntersuchungen zur Wandtemperaturabsenkung aufgrund der Spray-Wand-Wechselwirkung durchgeführt. Der zur Ermittlung der orts- und zeitaufgelösten Oberflächentemperaturverteilung verwendete Versuchsaufbau ist in Abbildung 3.6 dargestellt, wobei hier der Kolben durch ein elektrisch beheizbares sehr dünnes Blech ersetzt wurde. Dadurch ergibt sich die Möglichkeit, mit Hilfe einer Infrarot-Kamera die Temperaturverteilung unterhalb des Bleches zu bestimmen. Die Aufnahmerate beträgt in

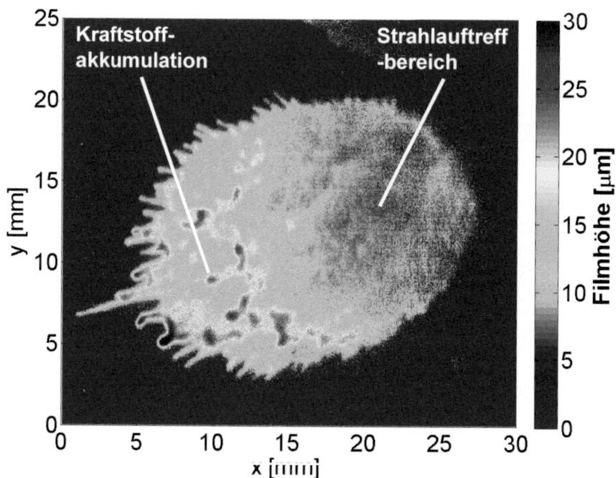

Abbildung 3.5: Gemessenes Filmhöhenfeld zum Zeitpunkt $t = 10\,\text{ms}$ nach Einspritzbeginn

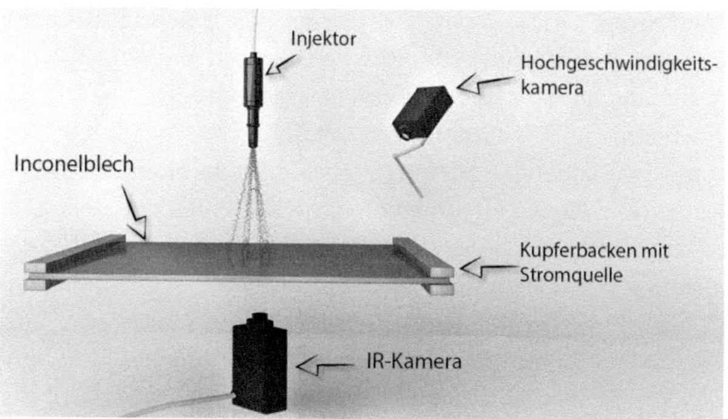

Abbildung 3.6: Versuchsaufbau der infrarotthermographischen Untersuchungen, nach Schulz et al. [109]

der Regel 800 Hz, was für den vorliegenden Fall eine gute zeitliche Auflösung darstellt. Die trockene Blechunterseite ist zusätzlich beschichtet, um einen hohen Emissionsgrad zu erzielen und so den Fehler des Thermografiesystems zu minimieren. Die weiteren Details des Versuchsaufbaus und der Kalibrierung können Kufferath et al. [110] entnommen werden. Abbildung 3.7 zeigt beispielhaft die Beträge der Temperaturänderungen zu einem Zeitpunkt $t = 20\,\text{ms}$ nach Einspritzbeginn, bei einer Ausgangswandtemperatur von $T_W = 353\,\text{K}$. Dabei sind die starken Temperaturabsenkungen an den sechs Strahlauftreffpunkten des in

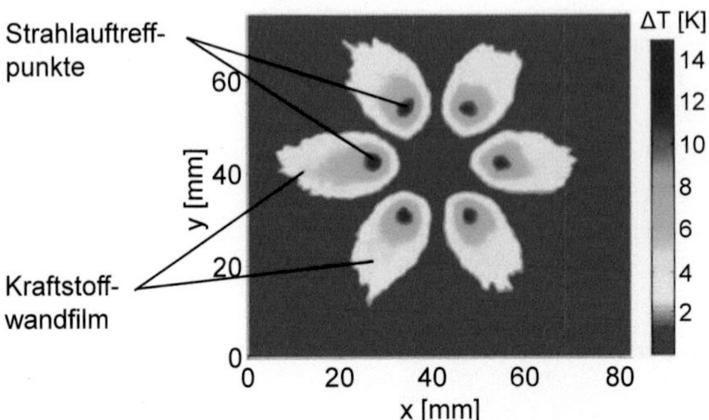

Abbildung 3.7: Gemessene Temperaturabsenkungen aufgrund der Spray-Wand-Interaktion, nach Schulz et al. [109]

Abschnitt 3.1 beschriebenen Sechsloch-Injektors und die entstandenen Kraftstoffwandfilme deutlich zu erkennen. Wie bereits in den Abschnitten 2.5.2 und 2.5.3 erläutert, hat die Oberflächentemperatur einen entscheidenden Einfluss auf die Filmverdunstungsrate. Dementsprechend sind die Temperaturabsenkungen auf der Blechoberfläche Ursache für die Vergrößerung der Verdunstungszeiten des Wandfilmes. Anhand der in diesem Abschnitt erläuterten infrarotthermographischen Untersuchungen ist eine örtlich und zeitlich hochaufgelöste Ermittlung der Blechtemperatur auf der Blechunterseite möglich. Allerdings sind für die Spray-Wand-Interaktion insbesondere die auf der Blechoberseite auftretenden Wärmeströme und Temperaturen von besonderem Interesse, da diese die Kraftstoff-Wand-Interaktion direkt beeinflussen. Aus diesem Grund wurde im Rahmen dieser Arbeit eine gekoppelte Vorgehensweise entwickelt, welche die numerische Strömungsberechnung, die die Temperaturverteilung an der Blechoberseite liefert, mit einer entsprechenden Temperaturfeldberechnung zur Ermittlung der Temperaturverteilung an der Blechunterseite koppelt. Somit ist ein direkter Vergleich zwischen gemessener und berechneter Temperaturverteilung auf der Blechunterseite möglich und gleichzeitig können die Information zur Temperaturverteilung auf der Blechoberseite der numerischen Strömungsberechnung entnommen werden. Die Details zu dieser Vorgehensweise werden in Abschnitt 5.1 ausführlich dargestellt.

Beim Vergleich zwischen gemessener und berechneter Temperaturabsenkung ist weiterhin zu beachten, dass die Messung eine verhältnismäßig große Streuung in den Einzelversuchen zeigt. Diese sind zum einen bedingt durch die bereits in Abschnitt 3.1 erläuterten Schwankungen der Strahlausbreitung von Einspritzung zu Einspritzung. Zum anderen können die Randbedingungen im Versuch und hierbei speziell die initiale Wandtemperatur nur bis zu einem gewissen Grad konstant gehalten werden. Dadurch ergeben sich insbesondere bei höheren Blechtemperaturen Schwankungen der Temperaturabsenkung von bis zu

$\pm 15\%$. Aus diesem Grund wurden in der Messung 12 Wiederholversuche durchgeführt. Der anschließende Vergleich mit den berechneten Temperaturfeldern wurde dann mit den über diese Wiederholversuche gemittelten Temperaturfeldern durchgeführt.

3.3 Motorische Untersuchungen

3.3.1 Versuchsträger

Die in Abschnitt 3.2 dargestellte Messtechnik zur Analyse der Spray-Wand-Interaktion kann in der Form nicht auf motorische Untersuchungen übertragen werden. Zur Untersuchung der Spraykühlung unter motorischen Bedingungen wurden daher in dieser Arbeit Oberflächenthermoelemente in einem speziell präparierten Kolben verwendet. Damit ist zwar nur eine entsprechend geringere räumliche Auflösung der Temperaturmessung möglich, diese bieten jedoch die Möglichkeit die Messungen zur Spraykühlung in einem gefeuert betriebenen Ottomotor durchzuführen. Als Versuchsträger sowohl für die in den folgenden Abschnitten erläuterten Oberflächentemperaturmessungen als auch zur Validierung der gesamten Modellkette unter motorischen Randbedingungen (s. Kapitel 6), wird in dieser Arbeit ein per Endoskopie optisch zugänglicher Einzylinder-Forschungsmotor verwendet. Aufgrund eines entsprechend modifizierten Zylinderkopfes ist an diesem Aggregat prinzipiell sowohl eine zentrale als auch eine seitliche Einbaulage des Injektors möglich. Für die hier dargestellten Untersuchungen wird der in Abschnitt 3.1 beschriebene Sechsloch-Injektor aber lediglich in der zentralen Einbaulage verwendet. Die wichtigsten technischen Daten des Aggregates sind in Tabelle 3.2 zusammengefasst.

Tabelle 3.2: Technische Daten des Einzylinder-Forschungsmotors

	Einzylinder-Forschungsmotor
Hubraum	$449\,cm^3$
Hub	85 mm
Bohrung	82 mm
Pleuellänge	143.5 mm
Kompressionsverhältnis	9.5 : 1

Neben der Hoch- und Niederdruckindizierung besteht an diesem Aggregat zusätzlich die Möglichkeit, den Einspritz- und Gemischbildungsprozess sowie die anschließende Verbrennung mittels eines Endoskopie-Zugangs und der zugehörigen Hochgeschwindigkeitskamera zu visualisieren. Der sich dabei ergebende Sichtbereich im Brennraum ist in Abbildung 3.8 dargestellt.

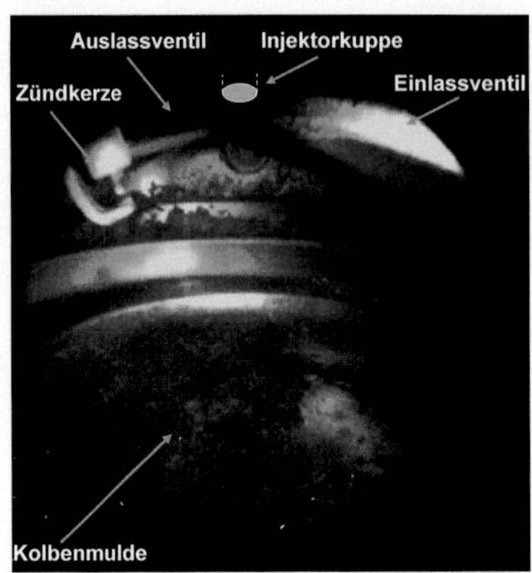

Abbildung 3.8: Sichtbereich der Hochgeschwindigkeitskamera

Wie aus Abbildung 3.8 ersichtlich, sind hierbei alle für die Spray-Wand-Interaktion und damit auch für die Rußbildung relevanten Gebiete wie der Kolben und der Feuersteg gut einsehbar. Die Aufnahmefrequenz der Hochgeschwindigkeitskamera betrug in diesem Fall $f = 6000\,\mathrm{Hz}$, d.h. bei einer Drehzahl von $n_{Mot} = 2000\,\mathrm{min}^{-1}$ wird alle 2 °KW ein Bild aufgezeichnet.

3.3.2 Oberflächentemperaturmesstechnik

Zur messtechnischen Bestimmung der Kolbenoberflächentemperatur wurden im Rahmen dieser Untersuchungen Oberflächenthermoelemente in einem speziell präparierten Kolben verwendet. Um einerseits das Temperaturfeld im Kolben nicht zu beeinflussen und andererseits möglichst viele Messstellen verwenden zu können, müssen diese dabei bei möglichst kleinen Abmessungen eine sehr hohe thermische und mechanische Belastbarkeit aufweisen. Zudem erfordern die verhältnismäßig geringen Temperaturschwankungen im Schleppbetrieb und in der unteren Teillast ein elektrisches Messsignal mit einem ausreichend großen Signal-Rauschabstand. Für diese Untersuchungen wurden daher NiCr-Ni Mantelthermoelemente (Typ K) in koaxialer Bauweise mit einem Außendurchmesser von 0.5 mm verwendet. Diese sehr gebräuchliche Thermopaarung weist eine hohe Stabilität bei höheren Temperaturen und gleichzeitig mit ca. $40\,\frac{\mu\mathrm{V}}{\mathrm{K}}$ eine ausreichend hohe Auflösung des Messsignals auf. Des Weiteren müssen die Thermoelemente, um insbesondere die durch die Einspritzung verursachten hochfrequenten Temperaturänderungen erfassen zu können, über eine sehr geringe Ansprechzeit im Bereich einer Mikrosekunde verfügen. Dazu ist, wie bei Bargende [111] dargestellt, eine sehr geringe Wandstärke über der Messstelle von weniger als 2 μm erforderlich. Aus diesem Grund wurden die Mantelthermoelemente zunächst leicht überstehend in die entsprechende Bohrung im Kolben eingeklebt und anschließend gekappt, so dass die Thermoschenkel ohne Kontakt frei liegen. Durch Auftragen eines flüssigen Keramikbinders kann das als Isolationswerkstoff im NiCr-Ni-Mantel verwendete MgO-Pulver zu einer stabilen Keramik ausgehärtet werden. Diese besitzt eine vergleichsweise hohe Wärmeleitfähigkeit und nahezu die gleichen thermischen Ausdehnungseigenschaften wie die Ni- und NiCr-Schenkel. Um die elektrische Verbindung zwischen dem NiCr- und Ni-Schenkel wiederherzustellen, wird anschließend, wie in Abbildung 3.9 dargestellt, eine 0.15 μm dicke Chromschicht und zusätzlich zum Schutz vor mechanischen Beanspruchungen eine ebenfalls 0.15 μm dicke Quarzglasschicht (SiO_2) im Hochvakuum aufgedampft. Mit dem hier gezeigten Aufbau kann nach Reipert et al. [112] eine Ansprechzeit im Bereich von 0.3 μs erzielt werden.

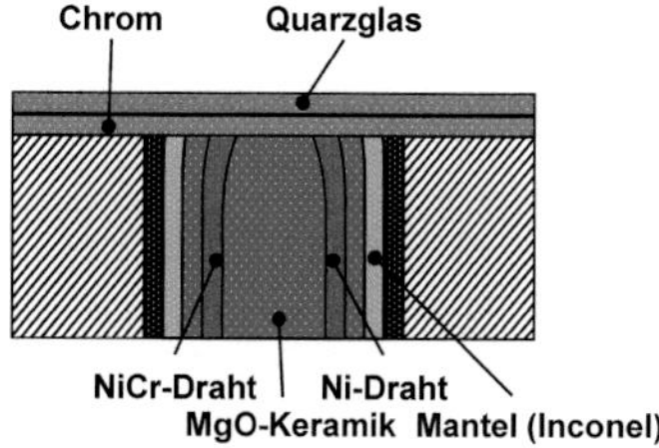

Abbildung 3.9: Aufbau eines NiCr-Ni-Oberflächenthermoelementes

Mittels dieser sogenannten Dünnschichttechnologie wurde schließlich ein Kolben mit insgesamt acht Thermoelementen ausgerüstet. Wie in Abbildung 3.10 dargestellt, wurden diese im Auftreffbereich eines der sechs Spraystrahlen verwendeten Sechsloch-Injektors positioniert. Da dieser Auftreffbereich stark vom Einspritzbeginn abhängig ist, wurden die Sensoren so positioniert, dass ein möglichst großes Einspritzfenster abgedeckt wird.

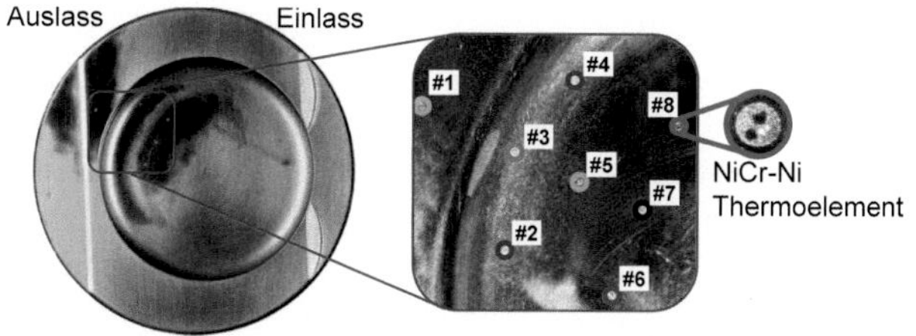

Abbildung 3.10: Positionierung der acht Oberflächenthermoelemente auf der beschichteten Kolbenoberfläche

Messdatenerfassung und -verarbeitung Zur Erfassung und Übertragung der Temperaturmessdaten des bewegten Kolbens wurde ein 4-Kanal Sensortelemetriesystem mit Highspeed PCM-Technik der Firma Manner Sensortelemetrie GmbH verwendet. Abbildung 3.11 zeigt dieses im eingebauten Zustand im Kurbelgehäuse.

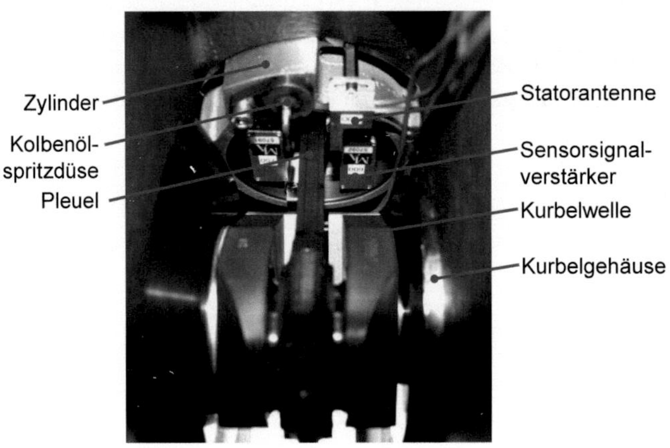

Abbildung 3.11: Telemetriesystem im eingebauten Zustand im Kurbelgehäuse

Dabei wird für den drahtlosen Energie- und Datenfluss am Kolben eine Zylinderinduktionsspule (Rotorantenne) angebracht und mit dem aus Abb. 3.11 ersichtlichen Signalverstärker verbunden. Zusätzlich wird ein ferromagnetischer Metallstift (Statorantenne) am Zylinder verschraubt. Taucht dieser in die Rotorantenne ein, entsteht eine periodische elektrische Kopplung, während der die Speiseenergie der Elektronik induktiv aufgenommen und zwischengespeichert wird. Diese Energiemenge ermöglicht oberhalb einer Drehzahl von $n = 200\,\mathrm{min}^{-1}$ einen Messbetrieb von maximal 1.4 s. Währenddessen werden die analogen Spannungssignale der Thermoelemente mit einer Abtastrate von 40 kHz/Kanal und einer 12 Bit Genauigkeit erfasst und mittels des Prozessors in den Speicher geladen. Im anschließenden Übertragungsmodus werden die erfassten Daten und ein Triggersignal, welches die Synchronisation der gemessenen Temperaturwerte mit den Indizierdaten ermöglicht, während des induktiven Kontakts in Paketen zum Stator übertragen. Nach Abschluss dieses Übertragungsvorgangs, welcher ca. 3 s bei einer max. Übertragungsrate von 3 Mbit/s benötigt, wird ein neuer Messzyklus ausgelöst.

3.3.3 Oberflächentemperaturmethode

Die Oberflächentemperatur der Wand ist, wie bereits in Kapitel 2.5 dargestellt, ein Parameter, der sowohl die Spray-Wand-Interaktion als auch die Wandfilmbildung und -verdunstung und damit die Gemischbildung und letztendlich die Partikelemissionen in Ottomotoren mit Direkteinspritzung stark beeinflusst. Der prinzipielle Verlauf der Oberflächentemperatur über einem Zyklus wurde bereits in mehreren Arbeiten zum einen mittels Oberflächenthermoelementen (siehe z.B. Bargende [111], Steeper et al. [113], Wang et al. [114]), zum anderen auch mittels optischer Methoden (siehe z.B. Buono et al. [115]) ermittelt. Insgesamt liegen jedoch kaum Erkenntnisse zum Einfluss der Spraykühlung auf die Oberflächentemperatur des Kolbens vor. Lediglich Cho et al. [116] konnten in Ihren Untersuchungen bei frühen Einspritzzeitpunkten eine Temperaturabsenkung durch das auftreffende Spray feststellen. Allerdings lag der Fokus dieser Untersuchungen im Wesentlichen auf der Analyse der Oberflächentemperatur während der Verbrennung sowie der Wandwärmeverluste (vgl. auch Cho et al. [117]). Dementsprechend wurde nur eine geringe Anzahl an Thermoelementen im eigentlichen Sprayauftreffbereich positioniert, wodurch keine detaillierte Betrachtung der Spraykühlung möglich war. Zur detaillierten Untersuchung des Einflusses der Spraykühlung in Ottomotoren mit Direkteinspritzung wurden im Rahmen dieser Arbeit experimentelle Untersuchungen zum Verlauf der Oberflächentemperatur des Kolbens, insbesondere während der Einspritzung, durchgeführt.

Der aufgrund des periodischen Arbeitsprozesses des Verbrennungsmotors instationäre Wärmestrom zwischen Fluid und Wand erzeugt ein instationäres Temperaturfeld in der Brennraumwand. Dieses kann anhand der Fourier'schen Differentialgleichung beschrieben werden:

$$\frac{\partial T_w}{\partial t} = a \left(\frac{\partial^2 T_w}{\partial x^2} + \frac{\partial^2 T_w}{\partial y^2} + \frac{\partial^2 T_w}{\partial z^2} \right) . \tag{3.1}$$

Da nach Bargende et al. [118] die Dämpfung der Temperaturschwingung in der Wand sehr groß ist, kann ein eindimensionales Temperaturfeld mit

$$\frac{\partial T_w}{\partial t} = a \left(\frac{\partial^2 T_w}{\partial x^2} \right) \tag{3.2}$$

angenommen werden. Unter der o. g. Annahme einer einseitig halbunendlichen Wandausdehnung, existiert für den eingeschwungenen Zustand eine geschlossene Lösung der DGL (Gleichung 3.2) in Form von Fourier'schen Reihen:

$$\begin{aligned} T_w(x,t) =& T_{w,m} - \frac{\dot{q}_{w,m}}{\lambda_w} \cdot x \\ &+ \sum_{i=1}^{\infty} e^{-x\sqrt{\frac{i\omega}{2a}}} \left[A_i \cos\left(i\omega t - x\sqrt{\frac{i\omega}{2a}} \right) + B_i \sin\left(i\omega t - x\sqrt{\frac{i\omega}{2a}} \right) \right] . \end{aligned} \tag{3.3}$$

Wird dieses Temperaturfeld nun nach x differenziert und für $x = 0$, d.h. an der Brennraumoberfläche, in die eindimensionale Wärmeleitungsgleichung mit

$$\dot{q}_w(x,t) = -\lambda_w \left(\frac{\partial T_w(x,t)}{\partial x} \right) \tag{3.4}$$

eingesetzt, ergibt sich der die Oberflächentemperaturschwingung verursachende Wärmestromdichtenverlauf zu:

$$\dot{q}_w(x=0,t) = \dot{q}_{w,m} + \sum_{i=1}^{\infty} \sqrt{\frac{i\omega}{2a}} \cdot \lambda_w \cdot [(A_i + B_i)\cos(i\omega t) + (B_i - A_i)\sin(i\omega t)] \ . \tag{3.5}$$

Dabei sind A_i und B_i die Fourier-Koeffizienten und λ_w und a die Wärme- und Temperaturleitfähigkeit der Wand. Diese beiden Materialkonstanten werden im Folgenden durch den Wärmeeindringkoeffizienten b, mit

$$b = \sqrt{\lambda \rho c_p} = \frac{\lambda}{\sqrt{a}} \ , \tag{3.6}$$

ersetzt. Da jedoch die Messstelle aus einer Kombination verschiedener Materialien besteht (siehe Abbildung 3.9), deren Stoffeigenschaften deutliche Unterschiede aufweisen, ist eine einfache Bestimmung eines maßgebenden Mittelwertes von b nicht möglich. Aus diesem Grund wurde von Bargende [111] der „Verlauf“ der Wärmeeindringzahl über ein Arbeitsspiel für ein NiCr-Ni-Thermoelement mittels eines FE-Modells berechnet. Danach kann die Wärmeeindringzahl, mit $b = 6000 \, \frac{\mathrm{J}}{\mathrm{m^2 K \sqrt{s}}}$, vereinfachend als konstant über dem Arbeitsspiel angenommen werden. Des Weiteren wird zur Ermittlung der instationären Wärmestromdichte nach Gleichung 3.5 die mittlere Wärmestromdichte $\dot{q}_m$ benötigt. Wie beispielsweise auch bei Emmrich [119] angewandt, kann diese nach Bargende [111] mit zufriedenstellender Genauigkeit mittels der Nulldurchgangsmethode unter Annahme eines quasi-stationären Verhaltens der thermischen Grenzschicht wie folgt ermittelt werden. Nach der Newton'schen Wärmeübergangsgleichung muss die momentane Wärmestromdichte an der Brennraumoberfläche ($x = 0$) zum Zeitpunkt t_0 ($t_0 = t(T_{G,lokal} = T_W)$) der Temperaturgleichheit zwischen der lokalen Gastemperatur außerhalb der thermischen Grenzschicht und der Wandtemperatur gleich Null sein. Die mittlere Wärmestromdichte $\dot{q}_m$ ergibt sich damit nach Gleichung 3.5 und Gleichung 3.6 zu:

$$\dot{q}_{w,m} = -b \cdot \sum_{i=1}^{\infty} \sqrt{\frac{i\omega}{2}} \cdot [(A_i + B_i)\cos(i\omega t_0) + (B_i - A_i)\sin(i\omega t_0)] \ . \tag{3.7}$$

Somit kann nun, unter der Annahme einer ablagerungsfreien Oberfläche, der Verlauf der instationären Wärmestromdichte nach Gleichung 3.5 ermittelt werden. Da jedoch insbesondere in den hier betrachteten Ottomotoren mit Direkteinspritzung Rußablagerungen auf der Kolbenoberfläche nicht zu vermeiden sind, muss deren Einfluss bei der Berechnung der Wärmestromdichte berücksichtigt werden. Daher soll im folgenden Abschnitt zunächst ein kurzer Überblick über die Entstehungsmechanismen der Rußablagerungen sowie deren Einfluss auf den gemessenen Oberflächentemperaturverlauf gegeben werden.

Entstehung und Einfluss der Rußablagerungen auf der Kolbenoberfläche Analog zu der in Abschnitt 2.7 beschriebenen Rußentstehung sind dank einiger Untersuchungen (Vogel et al. [120], Eiglmeier [121], Hutfließ et al. [122]) die grundlegenden Mechanismen der Rußablagerungen bekannt, die Details des Entstehungsprozesses sind aber weiterhin noch nicht vollständig geklärt. Bargende [111] konnte in seinen Untersuchungen zeigen, dass die Verrußung der Brennraumoberfläche zunächst sehr stark zunimmt und anschließend ein Gleichgewichtszustand erreicht wird, in welchem die Rußschichtdicke annähernd konstant bleibt. Dabei bewirkt die zunehmende Isolationswirkung der Rußschicht einen Anstieg der Oberflächentemperatur, wodurch sich im Wesentlichen die schwerflüchtige Kraftstoffkomponenten auf der bereits vorhandenen Rußschicht ablagern können (vgl. Kalghatgi [123]).

In früheren Untersuchungen (Lepperhoff et al. [124], Hsieh et al. [125]) konnte weiterhin gezeigt werden, dass sich auf der Kolben- bzw. Blechoberfläche zwei Rußschichtzonen mit unterschiedlichen Eigenschaften bilden. Im Bereich des direkten Spray-Wand-Kontaktes bildet sich dabei eine lackartige, glatte Ablagerungsschicht durch Verkokung der abgelagerten Kraftstoffkomponenten. Hutfließ et al. [122] konnten zeigen, dass diese Zone stark durch die Kraftstoffzusammensetzung beeinflusst wird. So liegt die typische Oberflächentemperatur von $T_w \approx 160\,°\mathrm{C}$ oberhalb der Leidenfrosttemperatur der leichtflüchtigen Kraftstoffkomponenten. Diese befinden sich somit im Bereich des Filmsiedens (siehe Abb. 2.10), es kommt zu keinem direkten Flüssigkeit-Wand Kontakt. Die schwerflüchtigen Anteile im Kraftstoff hingegen befinden sich im Bereich des Blasensiedens, es kommt zum direkten Flüssigkeit-Wand-Kontakt und es findet ein Aufbau koksartiger Ablagerungen statt. In der zweiten Rußschichtzone bildet sich im äußeren Bereich des Kolbens eine matt-schwarze Ablagerungsschicht mit einer rußähnlichen chemischen Struktur (s. Hsieh et al. [125]). Aufgrund der geringen Strömungsgeschwindigkeiten in der Wandgrenzschicht haben Rußpartikel aus der Gasphase hier ausreichend Zeit, sich an der Wand abzulagern. Zusätzlich konnten Suhre und Foster [126] zeigen, dass der physikalische Prozess der Thermophorese in dieser Zone eine wichtige Rolle spielt. So bewegen sich die in der thermischen Grenzschicht befindlichen Rußpartikel aufgrund des höheren Impulses auf der heißeren Gasseite entlang des Temperaturgefälles in Richtung der kalten Wand und lagern sich dort ab.

Die so gebildeten Rußablagerungen können durch Erhöhung der Gastemperatur bzw. der Rußoberflächentemperatur, z.B. aufgrund der mit zunehmender Rußschichtdicke ansteigenden Isolationswirkung, mechanisch aufgrund von Thermospannungen abgereinigt werden (vgl. Kalghatgi [123]). Steht weiterhin zu diesem Zeitpunkt noch genügend Sauerstoff zur Verfügung, können die Rußpartikel wieder oxidiert werden.

Wimmer [127] konnte im Rahmen seiner Untersuchungen an einem Dieselmotor zeigen, dass die Rußablagerungen zum einen aufgrund ihrer Isolationswirkung eine Verringerung der Wärmestromdichte, bedingt durch die höhere Rußoberflächentemperatur und der damit geringeren Temperaturdifferenz zwischen Gas- und Wandtemperatur, bewirken. Zum anderen wird durch die Rußschicht der Temperaturverlauf nicht mehr an der Oberfläche, sondern in einer der Rußschichtdicke entsprechenden Tiefe gemessen. Dies bewirkt eine Dämpfung und Phasenverschiebung des Wärmestromdichtenverlaufs (siehe Abbildung 3.12).

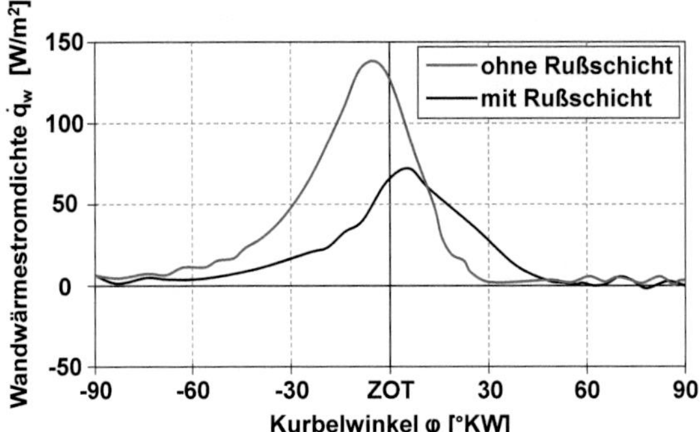

Abbildung 3.12: Verläufe der Wandwärmestromdichten ohne und mit Rußschicht, nach Wimmer [127]

Um den dargestellten Effekt der Rußschicht korrigieren und somit den Temperaturverlauf auf der ablagerungsfreien Oberfläche ermitteln zu können, beschreibt Bargende [111] ein Korrekturverfahren, welches im Rahmen der hier gezeigten Untersuchungen angewandt wurde (vgl. Abb. 3.14) und daher im folgenden kurz erläutert werden soll. Dazu wird, ausgehend von einem geschleppten Referenzpunkt mit sauberem Brennraum und unverrußten Thermoelementen, zunächst der gefeuerte Betriebspunkt gefahren, wobei sich eine entsprechende Rußschichtdicke einstellt. Anschließend wird der geschleppte Referenzpunkt mit dann verrußten Thermoelementen wiederholt. Nun wird der Parameter x in Gleichung 3.4 solange iterativ variiert, bis Übereinstimmung zwischen den an den beiden Nulldurchgängen der Temperaturdifferenz zwischen Gas und Wand berechneten mittleren Wärmestromdichten $\dot{q_m}$ besteht. Schließlich wird der Temperaturverlauf des gefeuerten Betriebspunktes nach Gleichung 3.3 mit der berechneten Dicke x korrigiert. Voraussetzung zur Anwendung dieses Korrekturverfahrens ist allerdings, dass die hinsichtlich ihrer genauen Zusammensetzung unbekannten Rußablagerungen ähnliche thermische Eigenschaften wie die Messstellen besitzen, da die Lösung der DGL des Temperaturfeldes nur für homogene Körper gültig ist. Damit müsste jedoch der Quotient aus Wärmeleitfähigkeit λ und Wärmeeindringzahl b sowohl für die verrußte als auch für die saubere Messstelle konstant bleiben. Wie im folgenden gezeigt, resultieren insbesondere aus dieser Annahme die beobachteten Abweichungen bei Anwendung dieser Korrekturmethode.

3.3.4 Ergebnisse der Oberflächentemperaturmessungen

Vorgehensweise und Randbedingungen Zur messtechnischen Ermittlung der Kolbenoberflächentemperaturen werden im Rahmen dieser Untersuchungen im Wesentlichen Betriebspunkte in der unteren Teillast gewählt. Dabei wird sowohl der in Abschnitt 3.1 beschriebene Sechsloch-Injektor als auch eine nach außen öffnende Piezo-A-Düse verwendet. Bei dieser gibt die Düsennadel, angesteuert durch einen Piezo-Aktuator, einen kegelstumpfförmigen Ringspalt frei, wodurch sich der austretende Kraftstoff im Gegensatz zu den einzelnen Vollkegelstrahlen des Mehrlochventils zu einem Hohlkegelstrahl formiert (siehe Heinstein et al. [128]).

Zur Überprüfung der Plausibilität der Oberflächentemperaturmessung wurden die Temperaturverläufe auf dem Kolben zunächst im nicht eingebauten Zustand, d. h. unter Umgebungsbedingungen untersucht. Dabei ergab sich an allen Thermoelementen ein der Umgebungstemperatur entsprechendes konstantes Temperaturniveau. In einem weiteren Schritt wurden, wie in Abbildung 3.13 dargestellt, die Temperaturverläufe im Schleppbetrieb untersucht. Damit ist eine Beurteilung der Temperaturverläufe der einzelnen Thermoelemente unabhängig vom lokalen Einfluss der Einspritzung und Verbrennung möglich. Wie aus Abb. 3.13 links ersichtlich, liegen die Temperaturniveaus der in der Kolbenmulde positionierten inneren Thermoelemente erwartungsgemäß in einem engen Temperaturintervall. Der leichte Anstieg der mittleren Temperatur in Richtung des grün bzw. blau markierten Thermoelementes ist auf den im Folgenden erläuterten unterschiedlichen Einfluss der Kolbenkühlung durch die Ölspritzdüse zurückzuführen (vgl. Abbildungen 3.35 und 3.36). Dagegen ist aus den in Abbildung 3.13 rechts dargestellten Temperaturverläufen der äußeren Thermoelemente eine deutliche Differenz im mittleren Temperaturniveau der einzelnen Thermoelemente zu erkennen. So liegt das mittlere Temperaturniveau des blau dargestellten Thermoelementes deutlich über dem der restlichen, wohingegen das mittlere Temperaturniveau des orange gekennzeichneten Thermoelements deutlich unter dem der anderen liegt. Das höhere Temperaturniveau des blau markierten Thermoelementes ist auf die Anordnung außerhalb der Kolbenmulde in Richtung der Laufbuchse zurückzuführen. Einerseits nimmt aufgrund der in diesem Bereich größeren Materialstärke der Einfluss der Kolbenölkühlung ab (siehe auch Emmrich [119]), andererseits nimmt der Einfluss der Reibungswärme in Richtung der Laufbuchse zu. Das niedrigere Temperaturniveau des orange gekennzeichneten Thermoelementes ist vermutlich auf einen leichten Offset des Temperatursignals zurückzuführen, welcher sich trotz des im Vorfeld der Messungen durchgeführten umfangreichen Kalibrierprozesses des gesamten Messaufbaus eingestellt hat.

Wie aus Abbildung 3.14 ersichtlich, lagert sich bereits nach ca. 60 min eine Rußschicht auf der Kolbenoberfläche ab, welche eine Dämpfung und Phasenverschiebung des ge-

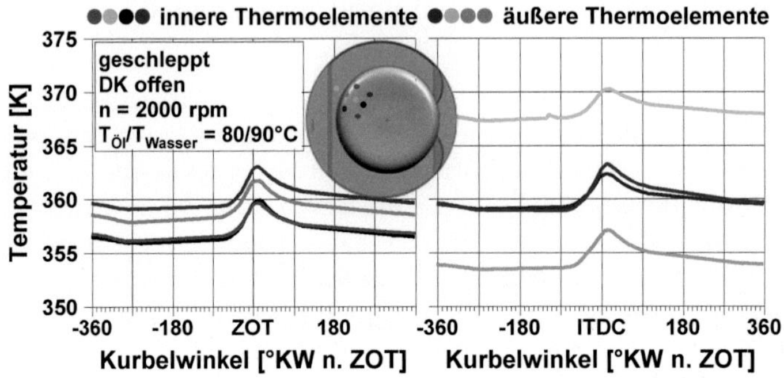

Abbildung 3.13: Temperaturverläufe der einzelnen Oberflächenthermoelemente im Schleppbetrieb, bei $n_{Mot} = 2000\,\mathrm{min}^{-1}$

messenen Temperatursignals verursacht. Zur Untersuchung dieses Einflusses wurde ein fünfstündiger Dauerlauf durchgeführt und währenddessen in regelmäßigen Abständen die Oberflächentemperaturverläufe des Kolbens gemessen. Dabei ist in Abbilung 3.14 deutlich die in der Literatur (vgl. Wimmer [127], Bargende [111]) beschriebene und in Abschnitt 3.3.3 erläuterte Dämpfung und Phasenverschiebung des Temperaturverlaufs mit zunehmender Rußschichtdicke zu erkennen. Insbesondere im Zeitraum zwischen der ersten und der zweiten Stunde Laufzeit findet ein starker Anstieg der Dämpfung sowohl in der Temperaturabsenkung während der Einspritzung als auch im Temperaturanstieg aufgrund der Verbrennung statt. Dies korreliert wiederum gut mit den zu den entsprechenden Zeitpunkten gemachten Aufnahmen des Kolbens (siehe Abbildung 3.14). So bleibt der Kolben auf der Auslassseite, also im Bereich der Thermoelemente, auch nach einer Stunde Laufzeit noch nahezu belagsfrei, wohingegen sich auf der Einlassseite bereits eine Rußschicht aufgebaut hat. Erst nach zwei Stunden Laufzeit ist dann auch auf der Auslassseite ein Rußschichtaufbau zu erkennen, in Übereinstimmung mit der in Abbildung 3.14 gezeigten starken Dämpfung und Phasenverschiebung des Temperaturverlaufs zu diesem Zeitpunkt.

Eine der Ursachen für den verzögerten Belagsaufbau auf der Auslassseite ist vermutlich das insgesamt höhere Kolbentemperaturniveau im Bereich der Auslassventile. Dadurch verdunstet der nach der Einspritzung auf dem Kolben befindliche flüssige Kraftstoff größtenteils vor der Verbrennung und es kann sich nur ein verhältnismäßig geringer Anteil der koksartigen Ablagerungen bilden. Eine weitere Ursache könnte die in Abschnitt 6.2, Abb. 6.4 beschriebene tumbleförmige Ladungsbewegung sein. Diese rotiert gegen den Uhrzeigersinn und erzeugt somit im Bereich des Kolbens eine Strömung von der Auslass- in Richtung der Einlassseite, wodurch sich zum einen der Kraftstoff, zum anderen aber auch eventuelle Rußpartikel bevorzugt auf der Einlassseite ablagern.

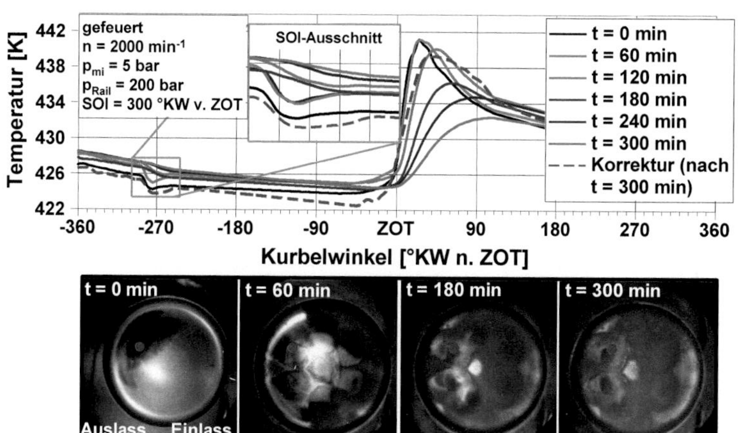

Abbildung 3.14: Einfluss des Rußschichtaufbaus auf den Oberflächentemperaturverlauf des Kolbens, gemessen am rot gekennzeichneten Thermoelement

Eine Möglichkeit, die gezeigten Effekte der Rußschicht zu korrigieren und somit einen dem unverrußten Zustand entsprechenden Temperaturverlauf zu ermitteln, stellt das in Abschnitt 3.3.3 erläuterte Rußschichtkorrekturverfahren nach Bargende [111] dar. Damit kann, wie in Abbildung 3.14 dargestellt, die Dämpfung und Phasenverschiebung des Temperaturverlaufs korrigiert und ein nahezu dem Ausgangsignal entsprechender Temperaturverlauf berechnet werden. Allerdings ist damit, insbesondere aufgrund der in Abschnitt 3.3.3 beschriebenen Annahme, nach welcher die Rußablagerungen ähnliche thermische Eigenschaften wie die Messstellen besitzen, keine exakte Korrektur des Temperaturverlaufs möglich. Aus diesem Grund wurde in den hier gezeigten Untersuchungen stets eine nahezu ablagerungsfreie Kolbenoberfläche verwendet. Wie in Abschnitt 3.3.3 erläutert, kann die Rußschicht thermisch und mechanisch abgereinigt werden und die Rußpartikel können, falls noch Sauerstoff zur Verfügung steht, wieder oxidiert werden. Dazu wurde im Rahmen dieser Untersuchungen Ethanol (C_2H_6O) zeitweise als Kraftstoff verwendet. Aufgrund der im Vergleich zu Super-Plus geringen Siedetemperatur kann nur ein geringerer Teil des Kraftstoffs an der Wand abgelagert werden, welcher weiterhin deutlich schneller verdunstet. Außerdem ist Ethanol aromatenfrei und besitzt im Gegensatz zu Super-Plus ein geringeres C/H-Verhältnis. Dies resultiert wiederum in einer geringeren Rußbildungsneigung. Abb. 3.15 zeigt den Einfluss des Abbauprozesses der Rußschicht auf den Oberflächentemperaturverlauf des Kolbens.

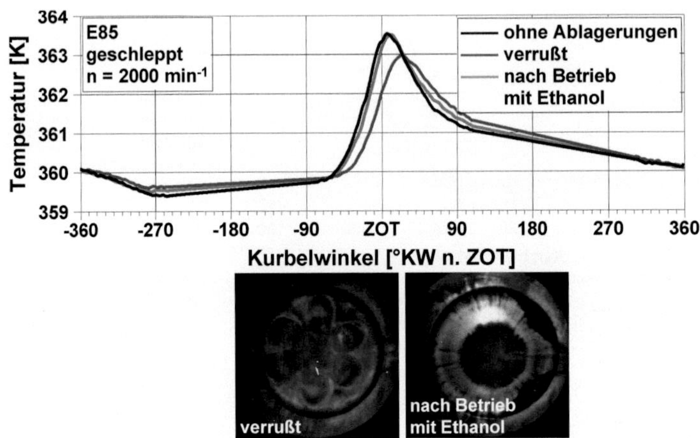

Abbildung 3.15: Abreinigung der Rußschicht durch einen zeitweiligen Betrieb mit Ethanol, eingespritzt mittels einer außenöffnenden Piezo-A-Düse sowie der Einfluss des Abbauprozesses der Rußschicht auf den Oberflächentemperaturverlauf, gemessen am schwarz gekennzeichneten Thermoelement

Dabei ist zu erkennen, dass ausgehend vom verrußten Zustand die Dämpfung der Amplitude und die Phasenverschiebung durch einen kurzzeitigen Betrieb mit Ethanol zurückgehen und nach vollständiger Reinigung des relevanten Bereiches des Kolbens der Temperaturverlauf wieder dem des geschleppten Referenzpunktes entspricht.

Aufgrund der Vielzahl der Einflussparameter auf die im folgenden erläuterten Oberflächentemperaturverläufe wurden zur detaillierten und übersichtlichen Analyse dieser Kolbentemperaturmessungen die in Abbildung 3.16 dargestellten Auswertegrößen definiert. Ausgehend von der Oberflächentemperatur zum jeweiligen Einspritzbeginn T_{SOI}, kann nach einer entsprechenden Verzugszeit φ_{Verzug} eine deutliche Temperaturabsenkung aufgrund der Einspritzung ($\Delta T_{Kühlung}$) festgestellt werden. Um eine bessere Vergleichbarkeit zwischen den Betriebspunkten zu ermöglichen, wurde eine normierte Verzugszeit $\varphi_{Verzug,norm}$ definiert:

$$\varphi_{Verzug,norm} = \frac{\varphi_{min} - \varphi_{SOI}}{\Delta T_{Kühlung}} \,. \tag{3.8}$$

Diese stellt den zeitlichen Verzug zwischen Einspritzbeginn und maximaler Kühlung bezogen auf die Temperaturdifferenz aufgrund der Spraykühlung dar. Bedingt durch die Kompression ergibt sich anschließend ein Anstieg der Oberflächentemperatur bis zur Temperatur T_{ZZP} zum Zündzeitpunkt. Die folgende Verbrennung verursacht einen deutlichen Temperaturanstieg, welcher durch die Temperaturdifferenz $\Delta T_{Verbrennung}$ charakterisiert wird.

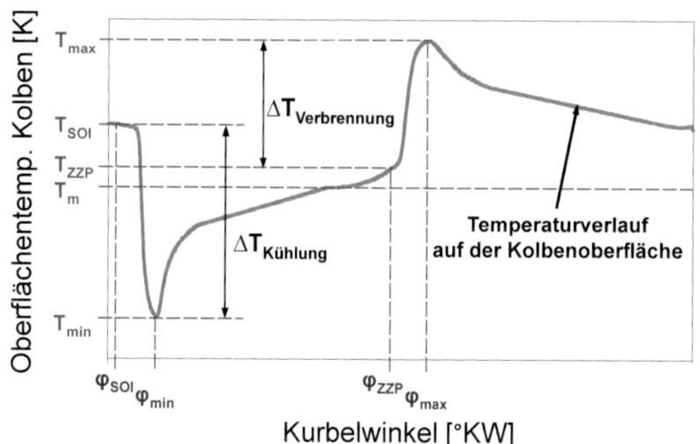

Abbildung 3.16: Definition der verwendeten Auswertegrößen

Eine weitere wichtige Voraussetzung zur Analyse der gemessenen Oberflächentemperaturverläufe ist die Zuordnung der jeweiligen Sprayauftreffbereiche auf dem Kolben zu den einzelnen Thermoelementen. Dazu wurden in den experimentellen Untersuchungen zunächst, wie in Abbildung 3.17 gezeigt, beginnend mit einem entsprechend verrußten Kolben verschiedene Einspritzbeginne gefahren und so die zugehörigen Sprayauftreffbereiche sichtbar gemacht. Abbildung 3.17 links zeigt deutlich den durch das Hohlkegelspray der Piezo-A-Düse verursachten ringförmigen und abhängig vom jeweiligen Einspritzbeginn deutlich abgegrenzten Auftreffbereich. Dieser verschiebt sich aufgrund des größeren Abstandes zwischen Injektor und Kolben mit späterem Einspritzbeginn nach außen. Abbildung 3.17 rechts zeigt dagegen den sich mit dem Mehrlochventil ergebenden Sprayauftreffbereich. Dabei sind deutlich die einzelnen Auftreffbereiche der sechs Spraystrahlen zu erkennen, welche sich ebenfalls mit späterem Einspritzbeginn entsprechend nach außen verschieben. Zur Interpretation der im folgenden erläuterten Oberflächentemperaturverläufe können somit, wie in Abb. 3.17 dargestellt, die Sprayauftreffbereiche bei einem bestimmten Einspritzbeginn sehr gut den entsprechenden Thermoelementen zugeordnet werden.

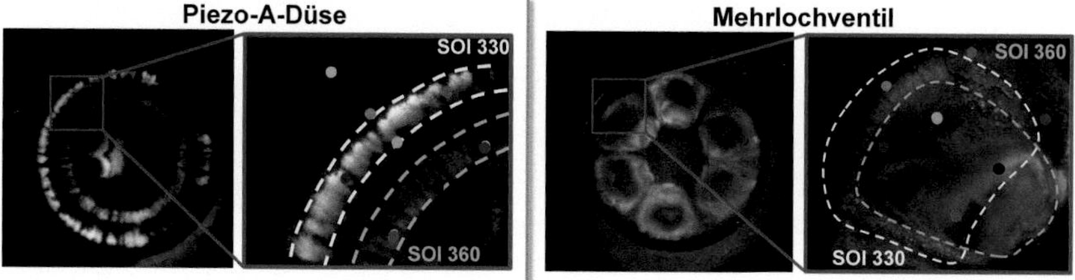

Abbildung 3.17: Auftreffbereiche der Spraystrahlen bei verschiedenen Einspritzbeginnen, für die Piezo-A-Düse (links) und das Mehrlochventil (rechts)

Weiterhin ist zu erwähnen, dass es sich bei den in den folgenden Abschnitten dargestellten Oberflächentemperaturverläufen jeweils um über die durch die Speicherkapazität der Telemetrieeinheit vorgegebene Messzeit von 1.4 s gemittelte Temperaturverläufe handelt. Somit werden beispielsweise bei einer Drehzahl von $n = 2000\,\text{min}^{-1}$ die Temperaturverläufe von 23 Einzelzyklen erfasst und anschließend gemittelt (s. Abbildung 3.18).

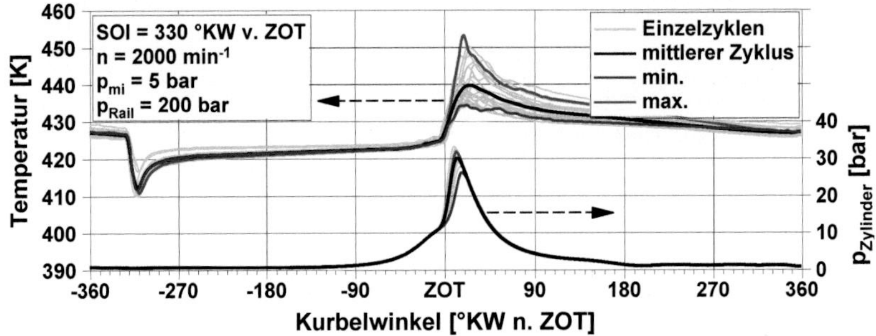

Abbildung 3.18: Einzelzyklen und über 23 Zyklen gemittelter Oberflächentemperaturverlauf gemessen am schwarz gekennzeichneten Thermoelement sowie die Zylinderdruckverläufe der entsprechenden 23 Zyklen des Betriebspunktes mit $n_{Mot} = 2000\,\text{min}^{-1}$,$p_{mi} = 5\,\text{bar}$ und $SOI = 330\,°\text{KW v. ZOT}$

Auch in den hier dargestellten Temperaturverläufen der Einzelzyklen sind die bereits in Abschnitt 2.6.4 erläuterten zyklischen Schwankungen insbesondere im Temperaturanstieg durch die Verbrennung deutlich zu erkennen. Wie anhand der in Abbildung 3.18 gezeigten farblichen Kennzeichnung der Zyklen mit maximaler und minimaler Oberflächentemperatur und den darunter liegenden Zylinderdruckverläufen zu erkennen, korrelieren diese zufriedenstellend mit den aus den Zylinderdruckverläufen ersichtlichen zyklischen Schwankungen. In der Temperaturabsenkung aufgrund der Spraykühlung zeigen sich dagegen kaum zyklische Schwankungen, was die Erkenntnisse aus der Literatur (z.B. Ozdor et al. [86], Matekunas [87], Heywood [88]) bestätigt, nach welchen die zyklischen Schwankungen im Wesentlichen durch die frühe Verbrennungsphase und kaum durch die Einspritzung beeinflusst werden.

Einfluss des Einspritzbeginns Abbildung 3.19 zeigt die Temperaturverläufe der acht Oberflächenthermoelemente auf dem Kolben für eine Variation des Einspritzbeginns mit dem Mehrloch-Injektor. Dabei wurde der Einspritzbeginn in 10 °KW-Schritten variiert, ausgehend von einem frühen Einspritzbeginn mit $SOI = 360\,°\text{KW v. ZOT}$ bis zu einem späten Einspritzbeginn mit $SOI = 280\,°\text{KW v. ZOT}$. Der Übersichtlichkeit halber

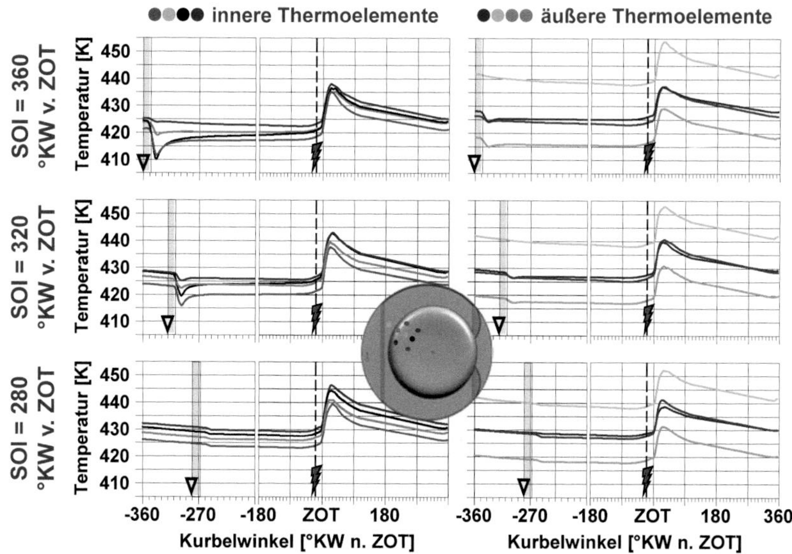

Abbildung 3.19: Variation des Einspritzbeginns bei $n_{Mot} = 2000\,\text{min}^{-1}$, $p_{mi} = 5\,\text{bar}$ und $p_{Rail} = 200\,\text{bar}$

sind hier lediglich die Verläufe für einen frühen ($SOI = 360\,°\text{KW v. ZOT}$), mittleren ($SOI = 320\,°\text{KW v. ZOT}$) und späten Einspritzbeginn ($SOI = 280\,°\text{KW v. ZOT}$) dargestellt. Dabei wird deutlich, dass die Temperaturabsenkung aufgrund der Spraykühlung vor allem an den vier innenliegenden Thermoelementen mit späterem Einspritzbeginn stark abnimmt. Um dieses Verhalten zu verdeutlichen, sind in Abbildung 3.20 die in Abb. 3.16 definierten Auswertegrößen für ein innenliegendes (schwarz) und ein außenliegendes (braun) Thermoelement gegenübergestellt. Hierbei zeigt sich, dass an dem inneren, schwarz markierten Thermoelement die größte Abkühlung bei einem Einspritzbeginn von $SOI = 340\,°\text{KW v. ZOT}$ stattfindet und diese mit zunehmender Spätverschiebung des Einspritzbeginns abnimmt. Dagegen bleibt die Temperaturabsenkung $\Delta T_{Kühlung}$ gemessen an dem äußeren, braun markierten Thermoelement unabhängig vom Einspritzbeginn auf einem sehr niedrigen Niveau. Dieses Verhalten kann sehr gut mit den in Abbildung 3.17 rechts dargestellten Auftreffbereichen der Einzelstrahlen des Mehrlochinjektors erläutert werden. So trifft der Einspritzstrahl bei dem sehr frühen Einspritzbeginn von $SOI = 360\,°\text{KW v. ZOT}$ noch vor dem inneren, schwarz markierten Thermoelement auf und erst bei einem späteren Einspritzbeginn von $SOI = 330\,°\text{KW v. ZOT}$ liegt der primäre Auftreffbereich des Einspritzstrahls im Bereich des äußeren, braun markierten Thermoele-

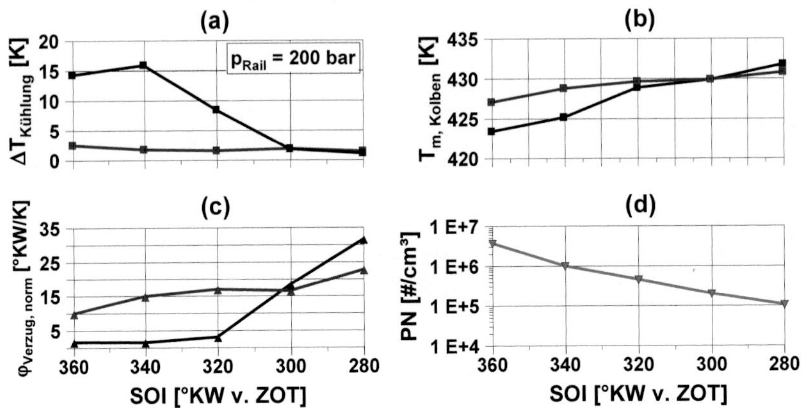

Abbildung 3.20: Temperaturabsenkung (a), mittlere Kolbentemperatur (b) und Verzugszeit (c) gemessen an den braun und schwarz gekennzeichneten Thermoelementen sowie die Partikelanzahl (d) abhängig vom Einspritzbeginn ($n = 2000\,\text{min}^{-1}$, $p_{mi} = 5\,\text{bar}$ und $p_{Rail} = 200\,\text{bar}$)

mentes. Tendenziell müsste somit bei einer weiteren Verschiebung des Einspritzbeginns nach spät die Kühlwirkung an den äußeren Thermoelementen zunehmen. Da jedoch gleichzeitig auch der Abstand zwischen Injektor und Kolben ansteigt, reicht die Eindringtiefe der Einspritzstrahlen bei späterem Einspritzbeginn nicht mehr aus, um die Oberfläche ebenso intensiv zu benetzen. Zudem findet bei späterem Einspritzbeginn aufgrund des geringeren Gegendruckes und der während der Einlassphase erhöhten Ladungsbewegung eine stärkere Interaktion der Einspritzstrahlen statt, wodurch die Kraftstoffmasse auf eine größere Fläche verteilt und somit die lokale Kühlwirkung verringert wird. Dies spiegelt sich auch in der in Abbildung 3.20 (c) dargestellten Verzugszeit $\varphi_{Verzug,norm}$ wider. Diese steigt aufgrund des zunehmenden Abstandes zwischen Injektor und Kolben im Falle des inneren Thermoelementes (schwarz) von ca. $1\frac{°KW}{K}$ bei frühem Einspritzbeginn auf über $30\frac{°KW}{K}$ bei spätem Einspritzbeginn, mit $SOI = 280\,°KW\,v.\,ZOT$, an. Des Weiteren ist auch ein allmählicher Anstieg der mittleren Kolbentemperatur, im Wesentlichen bedingt durch die geringere Spraykühlung, mit späterem Einspritzbeginn zu erkennen. Dementsprechend nimmt auch die Partikelanzahl aufgrund der geringeren Kolbenbenetzung mit späterem Einspritzbeginn ab.

Raildruck- und Kraftstoffeinfluss Die Untersuchungen zum Raildruckeinfluss sowie auch alle im Folgenden gezeigten Messungen wurden aufgrund des frühzeitigen Defekts eines der beiden Telemetriesysteme lediglich mit den vier inneren Thermoelementen durchgeführt. Abbildung 3.21 zeigt die sich bei einer Variation des Raildrucks und des

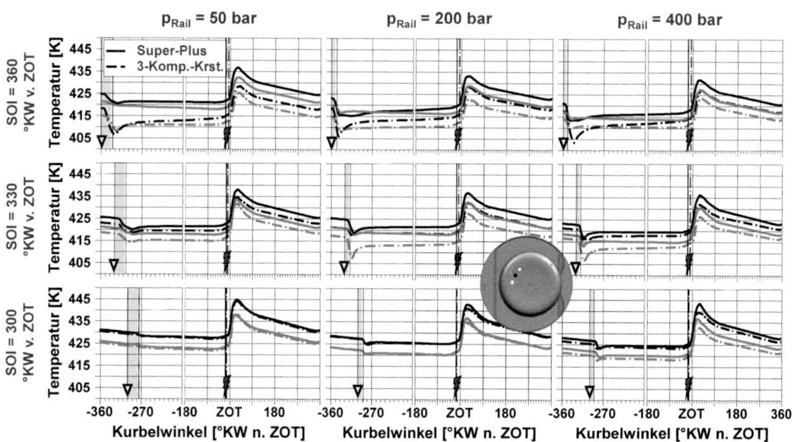

Abbildung 3.21: Variation des Raildrucks, des Einspritzbeginns und des verwendeten Kraftstoffs bei $n_{Mot} = 2000\,\mathrm{min}^{-1}$ und $p_{mi} = 5\,\mathrm{bar}$, gemessen an den grün und schwarz gekennzeichneten Thermoelementen

Einspritzbeginns ergebenden Temperaturverläufe. Die hier dargestellten Messungen wurden mit Super-Plus und mit dem in Kapitel 5.4.1 definierten Mehrkomponentenkraftstoff durchgeführt. Dabei kann sowohl die im vorherigen Abschnitt erläuterte Reduktion der Spraykühlung mit späterem Einspritzbeginn und die damit einhergehende Erhöhung des mittleren Temperaturniveaus als auch eine Zunahme der Spraykühlung mit zunehmendem Raildruck und dementsprechend ein geringeres mittleres Temperaturniveau festgestellt werden. Zur Verdeutlichung dieses Verhaltens ist in Abb. 3.22 die mittlere Temperaturabsenkung aufgrund der Spraykühlung des grün gekennzeichneten Thermoelementes über dem Raildruck dargestellt. Dabei zeigt sich zunächst unabhängig vom Einspritzbeginn eine zunehmende Spraykühlung mit steigendem Raildruck. Dieser Effekt kann insbesondere bei spätem Einspritzbeginn auf den höheren Strahlimpuls und die damit verbundene Erhöhung der Eindringtiefe mit zunehmendem Raildruck zurückgeführt werden. Bei frühem Einspritzbeginn hingegen spielt die Erhöhung der Eindringtiefe aufgrund des geringen Abstandes zwischen Injektor und Kolben eine untergeordnete Rolle. Wie in Abbildung 3.23 erläutert, liegt der Auftreffbereich des Einspritzstrahls bei frühem Einspritzbeginn mit $SOI = 360\,°\mathrm{KW\,v.\,ZOT}$ und geringem Raildruck noch vor dem inneren Thermoelement. Wie jedoch anhand der in den endoskopischen Aufnahmen dargestellten skizzierten weißen Linien ersichtlich, führt eine Erhöhung des Einspritzdrucks zu einer Vergrößerung des gesamten Spraykegelwinkels (s. Abb. 3.23). Somit wird der Auftreffbereich des Kraftstoffstrahls in Richtung der Thermoelemente verschoben, was wiederum in der aus Abb. 3.22

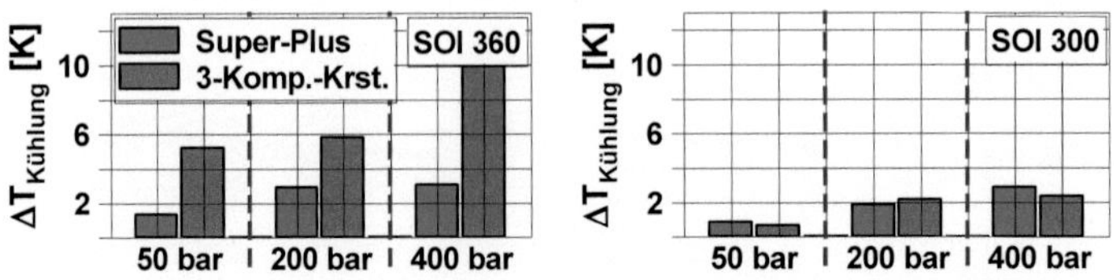

Abbildung 3.22: Temperaturabsenkung aufgrund der Spraykühlung in Abhängigkeit vom Raildruck bei $SOI = 360\,°\text{KW v. ZOT}$ (links) und $SOI = 300\,°\text{KW v. ZOT}$ (rechts), gemessen am grün gekennzeichenten Thermoelement ($n = 2000\,\text{min}^{-1}$, $p_{mi} = 5\,\text{bar}$)

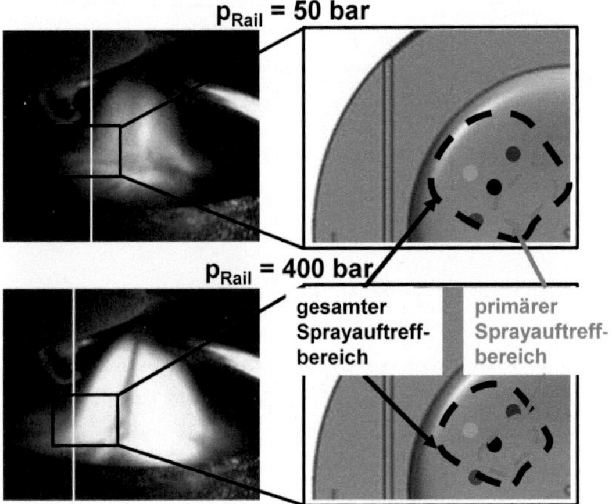

Abbildung 3.23: Endoskopische Aufnahmen der Einspritzung bei unterschiedlichen Raildrücken (links) sowie die skizzierte Verschiebung des Sprayauftreffbereichs mit zunehmendem Raildruck (rechts)

ersichtlichen Zunahme der Spraykühlung mit zunehmendem Raildruck resultiert. Die Vergrößerung des gesamten Spraykegelwinkels mit zunehmendem Raildruck kann im Wesentlichen auf den mit ansteigendem Raildruck zunehmenden Einfluss der Kavitation im Spritzloch zurückgeführt werden (vgl. Kapitel 4.2). Ein weiterer Effekt, der bei Erhöhung des Raildrucks beachtet werden muss, ist die Verringerung der Einspritzdauer. So reduziert sich diese proportional zur Wurzel des Einspritzdruck-Verhältnisses und damit um ca. 65% bei einer Erhöhung des Raildrucks von $p_{Rail} = 50\,\text{bar}$ auf $p_{Rail} = 400\,\text{bar}$. Somit verringert sich jedoch auch der Abstand zwischen Injektor und Kolben zum Ende des Einspritzvorgangs, wodurch in gleicher Zeit verhältnismäßig mehr Kraftstoffmasse auf eine kleinere Kolbenfläche trifft und diese abkühlen kann.

Bei Betrachtung der in den Abbildungen 3.21 und 3.22 dargestellten kraftstoffabhängigen Unterschiede ist weiterhin eine insbesondere bei frühen Einspritzbeginnen größere Temperaturabsenkung durch den Mehrkomponentenkraftstoff erkennbar. Lediglich bei dem späten Einspritzbeginn mit $SOI = 300\,°KW\,v.\,ZOT$ ergeben sich ähnliche Abkühlungen, allerdings auf einem sehr geringen Niveau. Die Ursache der hier ersichtlichen größeren Temperaturabsenkung durch den Mehrkomponentenkraftstoff liegt im Wesentlichen in der in Abb. 3.24 dargestellten unterschiedlichen Strahlausbreitung. Zur Verdeutlichung dieses Effekts ist zusätzlich die maximale Strahlausbreitung in Querrichtung und damit der Strahlkegelwinkel anhand der skizzierten Linien gezeigt.

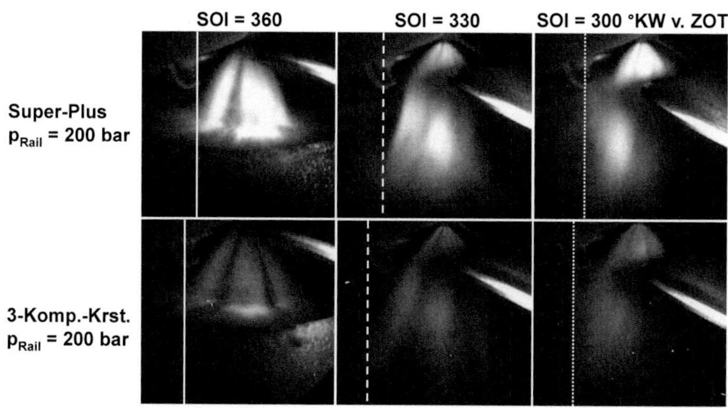

Abbildung 3.24: Einfluss des Kraftstoffs auf die Spraybilder bei verschiedenen Einspritzbeginnen und $p_{Rail} = 200\,\text{bar}$

So ist in den Spraybildern des 3-Komponenten-Kraftstoffes durchweg ein größerer Spraykegelwinkel zu erkennen. Dieser ist vermutlich unter anderem auf den etwas geringeren Anteil leichtflüchtiger Komponenten im Ersatzkraftstoff zurückzuführen. Dadurch nimmt zum einen die Kavitationsneigung im Spritzloch und damit der Einzelstrahlkegelwinkel ab, zum anderen sind die insbesondere bei späteren Einspritzbeginnen sichtbaren Flash-Boiling-Effekte und die damit verbundenen Einschnürungseffekte des Sprays geringer. Die somit geringere Strahlinteraktion resultiert in einem vergrößerten Spraykegelwinkel, was wiederum zu einer Verschiebung des Auftreffbereiches des 3-Komponenten-Sprays nach außen führt. Dieser liegt somit verstärkt im Bereich des grün gekennzeichneten Thermoelements. Bei dem späteren Einspritzbeginn mit $SOI = 300\,°KW\,v.\,ZOT$ wird das Spray hingegen zunehmend verweht und kann daher, entsprechend den aus Abb. 3.22 ersichtlichen geringen Temperaturabsenkungen, den Kolben nur noch geringfügig benetzen.

Der in Abb. 3.25 dargestellte Verlauf der Partikelanzahl über dem Raildruck nimmt trotz der oben erläuterten steigenden Kühlwirkung unabhängig vom Einspritzbeginn mit zunehmendem Raildruck ab. An dieser Stelle ist jedoch zu beachten, dass für die betrachtete Temperaturabsenkung die lokal auf das Thermoelement auftreffende Kraftstoffmasse relevant ist, welche nicht zwangsläufig als Wandfilm abgelagert werden muss. Die Partikelanzahl ist jedoch im Wesentlichen von der insgesamt auf dem Kolben abgelagerten Kraftstoffmasse abhängig. Somit trifft zwar, wie in obigem Abschnitt beschrieben, bei Erhöhung des Raildrucks lokal mehr Kraftstoffmasse auf das Thermoelement; die gesamte Wandfilmmasse und damit auch die Partikelanzahl nimmt jedoch zum einen aufgrund eines verstärkten Luft-Entrainments mit zunehmendem Raildruck (vgl. Abschnitt 5.2) und zum anderen aufgrund einer schnelleren Wandfilmverdunstung, bedingt durch eine größere Wandfilmausdehnung (vgl. Abschnitt 6.3), mit zunehmendem Raildruck ab. Weiterhin zeigt sich, dass die mit dem Ersatzkraftstoff gemessene Partikelanzahl stets unter der mit Super-Plus gemessenen liegt. Dies ist einerseits durch die etwas geringere Siedeendtemperatur des 3-Komponenten-Kraftstoffes im Vergleich zur Siedeendtemperatur von Super-Plus bedingt, wodurch der entstehende Wandfilm schneller verdunsten und besser homogenisiert werden kann. Andererseits ist der 3-Komponenten-Kraftstoff im Gegensatz zu Super-Plus aromatenfrei, was, wie in Kapitel 2.7 beschrieben, zu einer geringeren Bildungsrate polyzyklischer aromatischer Kohlenwasserstoffe (PAK) und damit zu einer insgesamt geringeren Rußbildung führt.

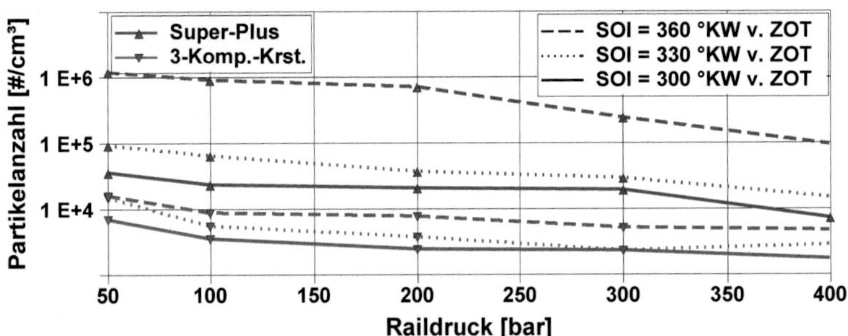

Abbildung 3.25: Partikelanzahl in Abhängigkeit vom verwendeten Kraftstoff, dem Einspritzbeginn und dem Raildruck ($n = 2000\,\text{min}^{-1}$, $p_{mi} = 5\,\text{bar}$)

Bei genauer Betrachtung der Temperaturverläufe aus Abbildung 3.21 fällt weiterhin auf, dass die einzelnen Thermoelemente bei konstantem Raildruck und Einspritzbeginn ein unterschiedliches Verhalten aufweisen. Abbildung 3.26 zeigt zur Verdeutlichung dieses Verhaltens einen Ausschnitt der Abkühlphase zweier Thermoelemente bei einem Einspritzbeginn von $SOI = 350\,°\text{KW}\,\text{v. ZOT}$ und einem Einspritzdruck von $p_{Rail} = 400\,\text{bar}$. Dabei

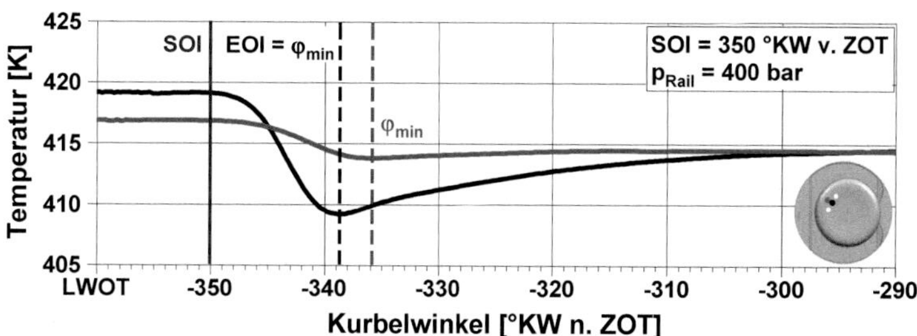

Abbildung 3.26: Unterschiede im Abkühlverhalten der schwarz und grün markierten Thermoelemente ($n = 2000\,\mathrm{min}^{-1}$, $p_{mi} = 5\,\mathrm{bar}$)

zeigt sich nicht nur ein unterschiedlicher Gradient und eine unterschiedliche Amplitude der Temperaturabsenkung, sondern auch eine Phasenverschiebung der maximalen Temperaturabsenkung. Dieser Effekt kann, wie in Abbildung 3.27 skizziert, auf die verschiedenen Spray-Wand-Interaktionszonen innerhalb eines Sprayauftreffbereichs zurückgeführt werden. Dabei trifft der Kraftstoffstrahl zunächst in dem als primärer Auftreffbereich bezeichneten Bereich auf. Aufgrund der hohen Auftreffgeschwindigkeit der Tropfen wird dabei nur ein Teil der Kraftstoffmasse im Wandfilm abgelagert, der restliche Teil der Tropfen wird reflektiert. Diese lagern sich im weiteren Verlauf in dem als sekundärer Auftreffbereich bezeichneten Gebiet ab. Zusätzlich wird der Wandfilm aufgrund des Impulses der ankommenden Tropfen in wandtangentialer Richtung bewegt.

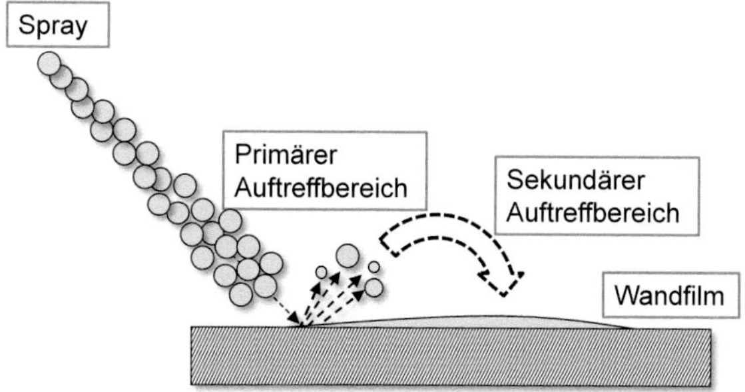

Abbildung 3.27: Skizzierte Darstellung der verschiedenen Spray-Wand-Interaktionszonen innerhalb des Auftreffbereichs eines Spraystrahls

Zur weiteren Verdeutlichung dieses Verhaltens ist in Abbildung 3.28 (a) der auf dem Kolben ersichtliche Sprayauftreffbereich sowie in Abb. 3.28 (b) der sich aus den in Kapitel 3.2 erläuterten Grundsatzuntersuchungen ergebende Sprayauftreffbereich dargestellt. Wie in

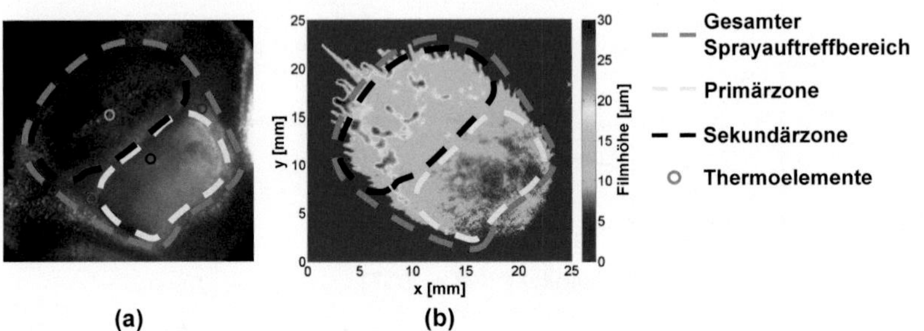

Abbildung 3.28: Sprayauftreffbereiche eines Einzelstrahls auf dem Kolben (a) im Vergleich zu den von Schulz et al. [107] mittels LIF gemessenen Wandfilmhöhen (b)

Abschnitt 3.2.1 im Detail beschrieben, wurden diese in separaten Einspritzungen zu einem Zeitpunkt von 10 ms nach dem Einspritzbeginn mittels laserinduzierter Fluoreszenz auf einer Quarzglasplatte mit einer Wandtemperatur von $T_W = 293\,\mathrm{K}$ und einem definierten Abstand zwischen Platte und Injektor gemessen. Dementsprechend können einige Parameter wie z.B. die Wandfilmverdunstung nicht direkt auf die motorisch relevanten Parameter übertragen werden. Dennoch sind die wesentlichen Phänomene der Spray-Wand-Interaktion, welche im folgenden erläutert werden sollen, vergleichbar. Aus Abb. 3.28 ist in beiden Fällen deutlich zu erkennen, dass der Kraftstoffstrahl wie oben erläutert zunächst in dem als Primärzone bezeichneten Bereich auftrifft. Das in dieser Zone liegende schwarz gekennzeichnete Thermoelement wird somit direkt vom auftreffenden Kraftstoffstrahl gekühlt und nicht durch den allmählich verdunstenden Wandfilm, was sich auch in der Korrelation zwischen maximaler Temperaturabsenkung und Ende der Einspritzung zeigt. In der Sekundärzone lagern sich hingegen die in der Primärzone von der Kolbenoberfläche reflektierten Sekundärtropfen ab. Diese haben aufgrund des Wärmeübergangs während des vorherigen Tropfen-Wand-Kontaktes eine erhöhte Tropfentemperatur, was wiederum in einer geringeren Abkühlung der Kolbenoberfläche resultiert. Zusätzlich deutet der in Abbildung 3.26 gezeigte langsame Abkühlvorgang, welcher sich deutlich über das Ende der Einspritzung hinauszieht, darauf hin, dass die Temperaturabsenkung aus der allmählichen Verdunstung des Wandfilms resultiert. Des Weiteren ist aus den in Abbildung 3.28 (b) dargestellten Ergebnissen der Grundsatzuntersuchungen ersichtlich, dass sich in der Primärzone aufgrund des hohen Strahlimpulses nur ein sehr geringer Teil des Kraftstoffs als Wandfilm ablagert. Dementsprechend kann sich, wie in Abb. 3.28 (a) gezeigt, keine Rußschicht in der Primärzone ablagern. In der Sekundärzone hingegen lagert sich, wie oben erläutert, ein Großteil der Sekundärtropfen im Wandfilm ab, welcher dann, wie in Kapitel 3.3.3 erläutert, bei entsprechend hohen Temperaturen verkokt und die sichtbaren Rußablagerungen in diesem Bereich bildet.

Einfluss des Gemischbildners Um den Einfluss des Gemischbildners auf die Kolbenbenetzung und damit den Oberflächentemperaturverlauf untersuchen zu können, wurde zusätzlich die zu Beginn des Abschnitts erläuterte Piezo-A-Düse verwendet. Hierbei wurde, um den Einfluss der Temperaturabsenkung aufgrund der Spraykühlung deutlicher sichtbar zu machen, ein verhältnismäßig früher, nicht Applikations-relevanter Einspritzbeginn gewählt. Dabei zeigt sich bei dem in Abbildung 3.29 dargestellten Vergleich der Oberflächentemperaturverläufe ein grundsätzlich sehr ähnliches Verhalten der beiden Injektoren.

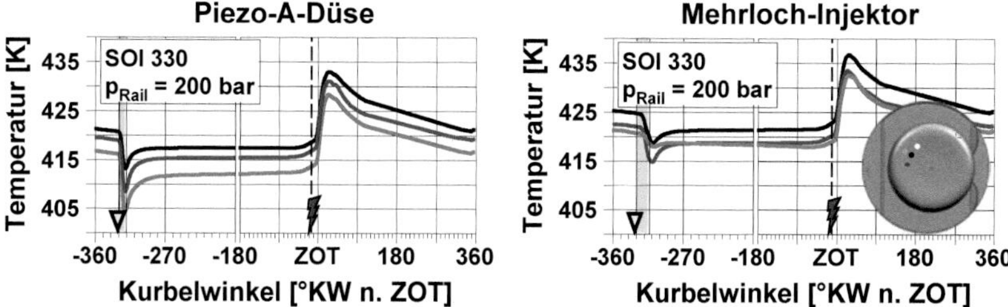

Abbildung 3.29: Einfluss des Gemischbildners auf den Verlauf der Oberflächentemperatur bei $n_{Mot} = 2000\,\text{min}^{-1}$ und $p_{mi} = 5\,\text{bar}$

Allerdings ergeben sich bei Verwendung der Piezo-A-Düse deutlich steilere Gradienten der Temperaturabsenkung und deutlich kürzere Abkühlphasen im Vergleich zu den mit dem Mehrloch-Injektor gemessenen Temperaturverläufen. Dies ist, analog zu der mit dem Mehrloch-Injektor gemessenen und in Abb. 3.22 dargestellten Zunahme der Temperaturabsenkung mit zunehmendem Raildruck, im Wesentlichen auf den größeren stationären Durchfluss Q_{Stat} der Piezo-A-Düse und der damit verbundenen kürzeren Einspritzzeit zurückzuführen. Abbildung 3.30 links zeigt die Temperaturabsenkung gemessen an dem inneren schwarz markierten Thermoelement, für eine Variation des Raildrucks sowie des Einspritzbeginns. Dabei ergibt sich bei frühem Einspritzbeginn ($SOI = 360\,°\text{KW v. ZOT}$) im Gegensatz zu der in Abb. 3.22 gezeigten Raildruckvariation mit dem Mehrloch-Injektor tendenziell eine Abnahme der mittleren Temperaturabsenkung aufgrund der Spraykühlung mit zunehmendem Raildruck. Anhand der in Abbildung 3.30 rechts dargestellten Sprayauftreffbereiche ist ersichtlich, dass dies durch den im Vergleich zum Mehrloch-Injektor (vgl. Abb. 3.17) scharf abgegrenzten Sprayauftreffbereich verursacht ist. Dieser wandert mit steigendem Raildruck in Richtung Kolbenrand, wodurch das schwarz markierte Thermoelement dann außerhalb des Strahlauftreffbereichs liegt und entsprechend geringer gekühlt wird. Zusätzlich wird der Strahlauftreffbereich mit zunehmendem Raildruck schmaler, im Wesentlichen bedingt durch die deutlich reduzierte Einspritzdauer.

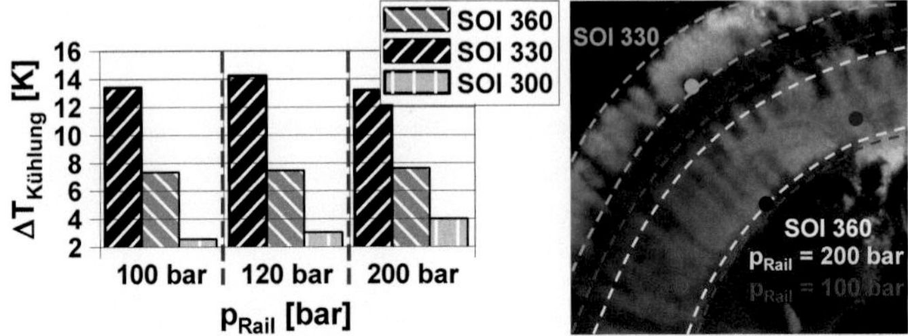

Abbildung 3.30: Temperaturabsenkung aufgrund der Spraykühlung in Abhängigkeit vom Raildruck, gemessen am schwarz gekennzeichneten Thermoelement (links), sowie der Einfluss des Raildrucks und des Einspritzbeginns auf den Sprayauftreffbereich des Hohlkegelstrahls der Piezo-A-Düse (rechts, $n = 2000\,\text{min}^{-1}$, $p_{mi} = 5\,\text{bar}$)

Verlauf der Kolbentemperatur während eines Lastsprungs Der prinzipielle Einfluss der Last sowie der Drehzahl auf den jeweiligen Oberflächentemperaturverlauf wurde im Rahmen dieser Arbeit anhand entsprechender stationärer Betriebspunkte überprüft. Dabei ergab sich sowohl bei Erhöhung der Drehzahl als auch bei Erhöhung der Last ein nahezu linearer Anstieg der mittleren Kolbentemperatur. Für weitere Details zu diesen Untersuchungen sei auf Köpple et al. [129] verwiesen. An dieser Stelle soll der für den realen Motorbetrieb deutlich relevantere instationäre Temperaturverlauf während eines Lastsprungs dargestellt werden. Dazu wird im Folgenden ein Lastsprung ausgehend von einem Betriebspunkt bei einer niedrigen Motorlast mit $p_{mi} = 2\,\text{bar}$ auf $p_{mi} = 8\,\text{bar}$ betrachtet. Wie aus dem in Abb. 3.31 dargestellten Verlauf des indizierten Mitteldrucks und der Einspritzzeit über der Anzahl der Arbeitsspiele ersichtlich, hat das System bereits nach ungefähr zehn Arbeitsspielen einen stationären, der höheren Last entsprechenden Zustand erreicht.

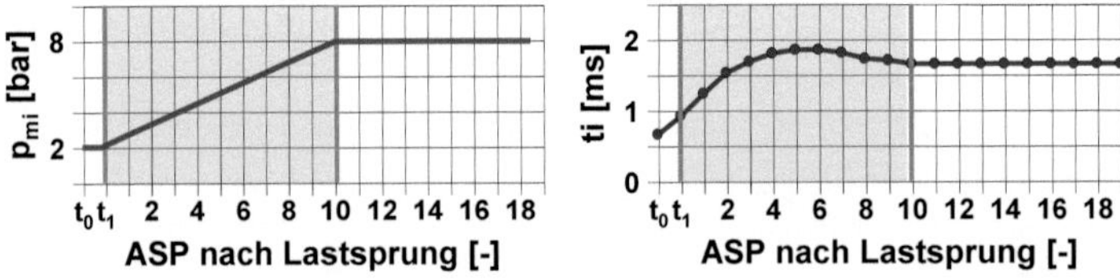

Abbildung 3.31: Indizierter Mitteldruck (links) und Einspritzdauer (rechts) in Abhängigkeit vom jeweiligen Arbeitsspiel während des Lastsprungs von $p_{mi} = 2\,\text{bar}$ auf $p_{mi} = 8\,\text{bar}$, bei $n = 2000\,\text{min}^{-1}$

Abbildung 3.32 zeigt die Temperaturverläufe von fünf individuellen Temperaturmessungen an dem grün markierten Thermoelement bei einer Drehzahl von $n = 2000\,\text{min}^{-1}$ und

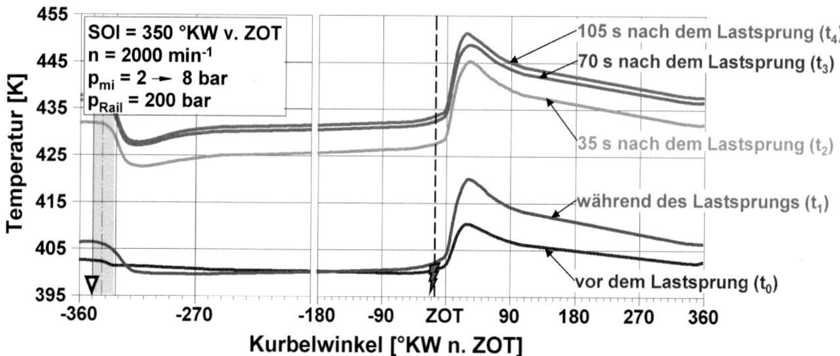

Abbildung 3.32: Einfluss des Lastsprungs auf den Oberflächentemperaturverlauf des Kolbens, gemessen zu verschiedenen Zeitpunkten an dem in grün gekennzeichneten Thermoelement ($n = 2000\,\text{min}^{-1}$, $SOI = 350\,°\text{KW v. ZOT}$ und $p_{Rail} = 200\,\text{bar}$)

einem Einspritzbeginn von $SOI = 350\,°\text{KW v. ZOT}$. Die erste, blau dargestellte Temperaturmessung wurde dabei vor dem Lastsprung durchgeführt. Wie in Abbildung 3.18 erläutert, wurden die Temperaturverläufe über 23 Zyklen gemittelt. Dementsprechend wurde die zweite Temperaturmessung, die der in grün dargestellten Temperaturkurve zugrunde liegt, mit dem Lastsprung zum Zeitpunkt t_1 gestartet und über die 23 folgenden Zyklen gemittelt. Die restlichen drei Temperaturkurven wurden jeweils 35 s bzw. 70 s und 105 s nach dem Lastsprung gemessen. Ausgehend von dem in blau dargestellten Temperaturverlauf während des Motorbetriebs bei geringer Last mit einem entsprechend niedrigen Temperaturniveau wird zum Zeitpunkt t_1 der Lastsprung gestartet. Wie aus Abb. 3.31 ersichtlich, hat der Motor nach ca. zehn Arbeitsspielen einen stationären, der höheren Last entsprechenden Zustand erreicht. Die während des Lastsprungs gemessene, in grün dargestellte Oberflächentemperatur verharrt jedoch noch auf ungefähr dem niedrigen Niveau des vorherigen Betriebspunktes bei geringer Motorlast. Erst nach ca. einer Minute erreicht die Oberflächentemperatur ein annähernd konstantes, der höheren Motorlast entsprechendes Niveau. Die Kühlwirkung des Kraftstoffsprays nimmt ebenfalls mit der Zeit zu und stabilisiert sich dann in einem ähnlichen Zeitraum. Dieser Effekt ist aufgrund der nach ca. zehn Arbeitsspielen konstanten Einspritzzeit kaum durch eine zunehmende Kraftstoffmasse bedingt, sondern resultiert aus der zunehmenden Temperaturdifferenz zwischen Kolben- und Kraftstofftemperatur und dem dadurch ansteigenden Wärmestrom.

Die in Abbildung 3.33 dargestellte emittierte Partikelanzahl steigt ausgehend von einem sehr geringen, der Umbegungsluft entsprechenden Niveau von $PN \approx 1e^4\,\#/\text{cm}^3$ zu Beginn des Lastsprungs schlagartig um vier Größenordnungen auf $PN \approx 1e^8\,\#/\text{cm}^3$ an und sinkt dann allmählich auf ein konstantes Niveau von $PN \approx 1e^6\,\#/\text{cm}^3$ ab. Im Gegensatz zu

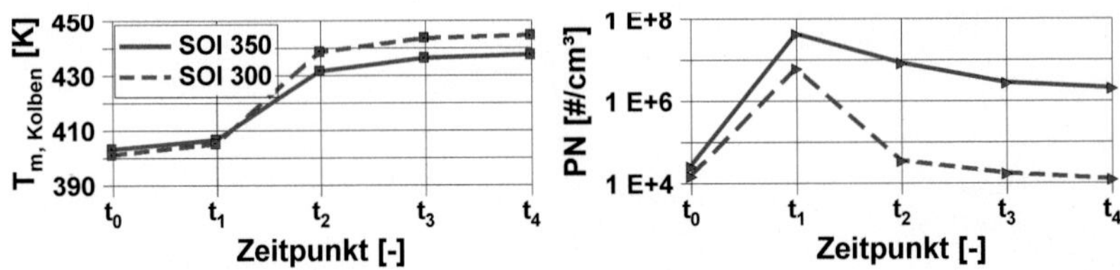

Abbildung 3.33: Mittlere Kolbentemperatur gemessen an dem grün markierten Thermoelement (links), sowie die Partikelanzahl (rechts) zu den Zeitpunkten vor (t_0), während (t_1) und nach dem Lastsprung (t_{2-4})

den in Abb. 3.32 dargestellten Oberflächentemperaturmessungen wurde die Partikelanzahl kontinuierlich gemessen. Dementsprechend wurden die in Abbildung 3.33 gezeigten Partikelanzahlen zu den jeweils angegebenen Zeitpunkten ausgewertet. Der hier ersichtliche extreme Anstieg der Partikelanzahl während und auch nach dem Lastsprung ist in erster Linie auf den in Abb. 3.33 links gezeigten verzögerten Anstieg der Kolbentemperatur zurückzuführen. Zur Verdeutlichung dieses Zusammenhangs sind in Abbildung 3.34 die über den optischen Zugang gewonnenen Aufnahmen der Verbrennung zu verschiedenen Zeitpunkten dargestellt. Die Aufnahmen wurden dabei vor dem Lastsprung (links), während des Lastsprungs (Mitte) und nach dem Lastsprung (rechts) gemacht. Ausgehend von der vollständig vorgemischten Verbrennung und dem entsprechend niedrigen Partikelniveau des Betriebspunktes mit geringer Motorlast (links) zeigt sich zum Zeitpunkt des Lastsprungs (t_1, Mitte) ein sehr großer Anteil nicht vorgemischter Verbrennung im Bereich des Kolbens. Bedingt durch die zum Zeitpunkt des Lastsprungs noch sehr niedrige Kolbentemperatur lagert sich ein Großteil des auf die Wand treffenden Kraftstoffs auf dem Kolben ab und kann im weiteren Verlauf, ebenfalls aufgrund der geringen Kolbentemperatur, nicht vollständig verdunsten. Dementsprechend bilden sich im Bereich des Kolbens sehr kraftstoffreiche Zonen, welche dann in der aus Abbildung 3.34 ersichtlichen nicht vorgemischten Verbrennung und den hohen Partikelanzahlen resultieren. Zum Zeitpunkt t_4, 105 s nach dem Lastsprung (rechts), hat der Kolben dann ein der höheren Last entsprechendes konstantes Temperaturniveau erreicht. Dementsprechend kann nun nur noch ein deutlich geringerer Anteil des ankommenden Kraftstoffs auf dem Kolben abgelagert werden, welcher dann aufgrund der höheren Kolbentemperatur noch vor der Verbrennung vollständig verdunstet und homogenisiert werden kann. Somit stellt sich wieder eine der geringen Partikelanzahl entsprechende nahezu vollständig vorgemischte Verbrennung ein.

Um den zunehmenden Einfluss der Spraykühlung mit zunehmender Kolbentemperatur erfassen zu können, wurde der oben dargestellte Lastsprung bei einem sehr frühen Einspritzbeginn mit $SOI = 350\,°\text{KW}$ v. ZOT, gemessen. Da jedoch der hier gewählte Einspritzbeginn für einen realen Motorbetrieb weniger relevant ist, wurde zusätzlich ein Lastsprung mit

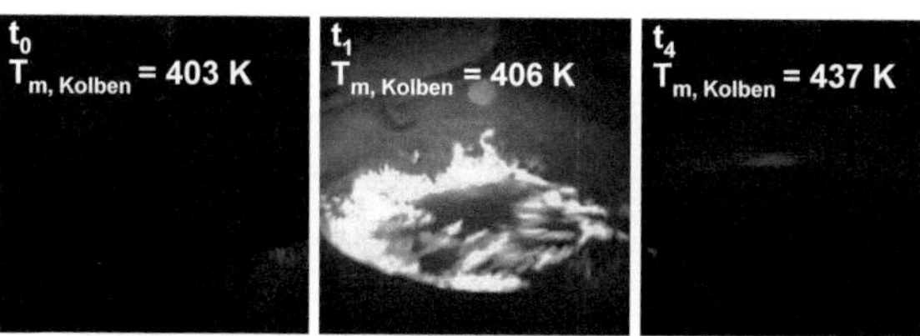

Abbildung 3.34: Endoskopieaufnahmen der Verbrennung vor (links, t_0), während (Mitte, t_1) und nach (rechts, t_4) dem Lastsprung

einem hinsichtlich der Partikelanzahl optimalen späteren Einspritzbeginn gemessen. Auch hier ergibt sich, wie in Abb. 3.33 gezeigt, ein im Vergleich zur Last sehr langsamer Anstieg der Kolbentemperatur und dementsprechend eine deutliche Zunahme der Partikelanzahl während des Lastsprungs. Allerdings sinkt in diesem Fall – bedingt durch den späten Einspritzbeginn – die Partikelanzahl nach dem Lastsprung auf ein deutlich niedrigeres Niveau ab, die wesentlichen Effekte während des Lastsprungs bleiben jedoch wie oben beschrieben erhalten.

Maßnahmen zur Erhöhung der mittleren Kolbentemperatur Wie in obigem Abschnitt erläutert, ist die geringe Kolbenoberflächentemperatur eine wesentliche Ursache der hohen Partikelemissionen während des Lastsprungs. Eine Möglichkeit zur Erhöhung der mittleren Kolbentemperatur ist die temporäre Deaktivierung der Kolbenölkühlung bei geringen Motorlasten. Abbildung 3.35 zeigt den Einfluss der Kolbenölkühlung auf die Oberflächentemperatur des Kolbens sowohl bei kaltem Motor (links) als auch bei warmem Motor (rechts). Danach kann das Kolbentemperaturniveau durch Deaktivieren der Ölkühlung deutlich angehoben werden. Im Falle des kalten Motors (Abb. 3.35 links) kann beispielsweise die Oberflächentemperatur des Kolbens durch Abschalten der Kolbenölkühlung auf ungefähr das Niveau des warmen Motors (Abb. 3.35 rechts) angehoben werden.

Dementsprechend lässt sich auch, wie in Abbildung 3.36 dargestellt, die Partikelanzahl bei kaltem Motor durch Deaktivieren der Kolbenölkühlung deutlich von $PN \approx 2\mathrm{e}^5$ #/cm^3 auf $PN \approx 2\mathrm{e}^4$ #/cm^3 und damit ungefähr auf das Niveau des warmen Motors reduzieren. Auch bei warmem Motorzustand ergibt sich durch Abschalten der Kolbenkühlung noch einmal eine deutliche Reduktion der Partikelanzahl. Bei Betrachtung der in Abb. 3.35 gezeigten Oberflächentemperaturverläufe ist weiterhin auffällig, dass bei aktivierter Kolbenölkühlung das Temperaturniveau des rot markierten Thermoelementes leicht unter dem des blauen liegt und sich dieses Verhalten bei Deaktivierung der Kolbenölkühlung umkehrt. Ursache hierfür ist hauptsächlich die lokal unterschiedliche Kühlwirkung der Ölspritzdüse. Wie aus Abbildung 3.36 rechts ersichtlich, liegt das rot gekennzeichnete Thermoelement innerhalb

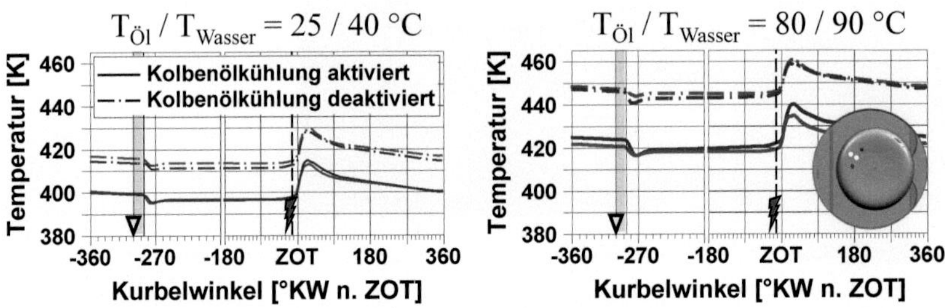

Abbildung 3.35: Einfluss der Kolbenölkühlung auf die Oberflächentemperatur des Kolbens bei kaltem (links) und warmem Motor (rechts), gemessen an den in rot und blau markierten Thermoelementen ($n = 2000\,\text{min}^{-1}$, $p_{mi} = 5\,\text{bar}$, $SOI = 300\,°\text{KW v. ZOT}$ und $p_{Rail} = 200\,\text{bar}$)

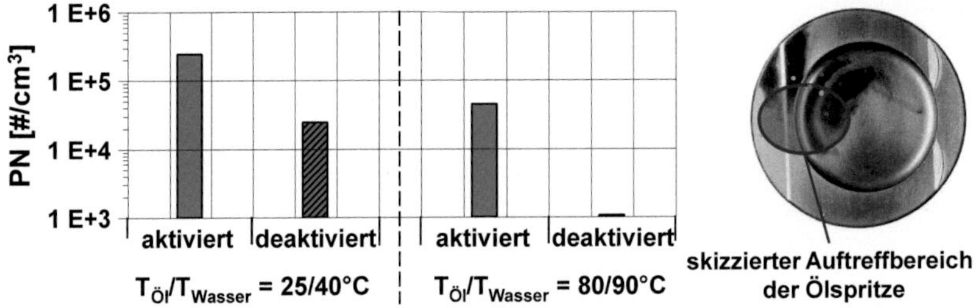

Abbildung 3.36: Einfluss der Kolbenölkühlung auf die Partikelanzahlemissionen (links) bei $n = 2000\,\text{min}^{-1}$, $p_{mi} = 5\,\text{bar}$, $SOI = 300\,°\text{KW v. ZOT}$ und $p_{Rail} = 200\,\text{bar}$ sowie der primäre Auftreffbereich der Ölspritzdüse, skizziert auf der Kolbenoberfläche (rechts)

des direkten Auftreffbereiches des Ölstrahls, wohingegen sich das blau gekennzeichnete außerhalb davon befindet und somit eine geringere Kühlwirkung erfährt. Damit kann auch der aus den in Abbildung 3.13 dargestellten Oberflächentemperaturmessungen im geschleppten Motorbetrieb ermittelte leichte Anstieg der mittleren Oberflächentemperatur in Richtung des blauen Thermoelementes durch die unterschiedliche Kühlwirkung der Kolbenölkühlung plausibilisiert werden.

Eine weitere Möglichkeit zur Erhöhung der mittleren Kolbentemperatur ist eine entsprechende Frühverschiebung des Zündzeitpunktes. Wie in Köpple et al. [129] detailliert dargestellt, kann damit eine deutliche Erhöhung der mittleren Kolbentemperatur um bis zu 80 K erzielt werden. Diese resultiert im Wesentlichen aus dem aufgrund der frühen Schwerpunktlage deutlich erhöhten Zylinderdruck sowie der geringfügig erhöhten Spitzentemperatur, wodurch der Wandwärmeübergang deutlich erhöht wird. Somit könnte durch eine Frühverschiebung des Zündzeitpunktes in den dem Lastsprung vorangehenden Zyklen eine deutliche Erhöhung der mittleren Kolbentemperatur erzielt und dementsprechend die Partikelanzahl aufgrund einer geringeren Kolbenbenetzung bzw. einer schnelleren Wandfilmverdunstung reduziert werden.

Kapitel 4

Untersuchungen zur Spraymodellierung

4.1 Vorgehensweise und Randbedingungen

Wie aus der in Kapitel 1 dargestellten Modellkette ersichtlich, ist neben der Spray-Wand-Interaktion die Gemischbildung und damit letztlich auch die Rußbildung in Ottomotoren mit Direkteinspritzung stark vom Ausbreitungsverhalten der Einspritzstrahlen abhängig. Aus diesem Grund ist eine validierte Spraymodellierung eine wesentliche Voraussetzung für die nachfolgenden Untersuchungen. Die Validierung der Spraymodellierung wurde im Rahmen dieser Arbeit anhand von Spraykammermessungen durchgeführt. Diese bieten den Vorteil, die Phänomene der Strahlausbreitung entkoppelt vom Strömungseinfluss der Ladungsbewegung zu betrachten. Dabei wurde das Strahlbild des verwendeten symmetrischen Sechslochinjektors mittels des Schattenlicht-Verfahrens bestimmt (siehe Kapitel 3.1). Zur besseren Vergleichbarkeit mit den experimentellen Daten wurde auch in der Simulation eine entsprechende Auswertemethodik verwendet (vgl. Jovicic [130]). Dabei wird zu jedem Zeitschritt die Tropfenmasse jeder Zelle senkrecht zur definierten Projektionsebene aufsummiert. Anschließend wird diese mit einer Referenzmasse skaliert und proportional zum Betrag der skalierten Masse in Graustufen konvertiert. Somit kann auch in der Simulation eine den Schattenlichtaufnahmen entsprechende tropfenmassenabhängige Darstellung des Sprays erzielt werden. Als wichtige quantitative Kriterien zur Bewertung der Güte des Simulationsergebnisses dienen dabei die aus den jeweiligen Spraybildern ermittelten und in Abb. 3.2 dargestellten Größen, wie z.B. die Penetration und der Spraykegelwinkel des gesamten Sprays.

Die Vorgehensweise der im folgenden gezeigten Spraysimulationen entspricht der in Kapitel 2.4 erläuterten Methodik. Aus Rechenzeitgründen wird bei der Berechnung der Injektorinnenströmung die symmetrische Anordnung der Spritzlöcher genutzt und die Berechnung auf einem 180°-Sektornetz mit entsprechenden Symmetrierandbedingungen durchgeführt. Abb. 4.1 zeigt exemplarisch das für die Berechnung bei maximalem Nadelhub ($h = 60\,\mu$m) verwendete Rechennetz. Die Gitterweite im Bereich des Spritzlochaustritts beträgt ca. $5\,\mu$m. Insgesamt besteht das Berechnungsgitter des Halbmodells aus ca. 1.8 Mio. Zellen. Um insbesondere das für die weitere Kopplung zwischen Injektorinnenströmung und Spraysimulation relevante Strömungsfeld am Vorstufenaustritt nicht zu verfälschen, wurde das Berechnungsgebiet wie in Abb. 4.1 dargestellt um ein entsprechendes Plenum erweitert.

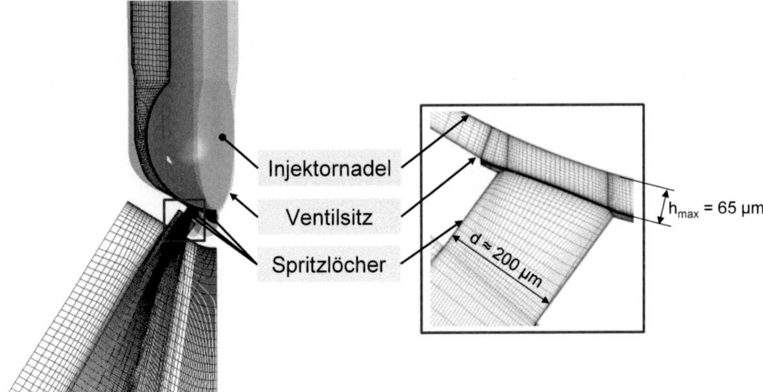

Abbildung 4.1: Halbmodell zur Berechnung der Injektorinnenströmung (links) sowie Detaildarstellung der im Spritzloch verwendeten räumlichen Diskretisierung (rechts)

Ziel der im Rahmen dieser Arbeit durchgeführten Berechnungen der Injektorinnenströmung ist die Ermittlung von detaillierten Randbedingungen für die anschließende Berechnung der Sprayausbreitung. Da diese unter anderem vom Öffnungsvorgang der Injektornadel abhängig ist, wurden in diesem Fall transiente Simulationen mit dynamischer Nadelbewegung durchgeführt. Dazu wird das Rechennetz ausgehend vom minimalen Nadelhub ($h = 2\,\mu$m) soweit verzerrt, bis die Zellqualität nicht mehr ausreichend ist. Anschließend wird dieses durch ein neues, mittels Interpolation zwischen den beiden Extremstellungen minimaler und maximaler Nadelhub erzeugtes Netz ersetzt. Damit können, wie in Abb. 4.2 dargestellt, der Massenstromverlauf während des Nadelöffnungsvorgangs sowie der stationäre Durchfluss bei maximal geöffneter Nadel entsprechend der Messung gut reproduziert werden. Wie bereits erläutert, ist die Sprayausbreitung im Wesentlichen von den Strömungszuständen bei maximal geöffneter Nadel sowie während des Nadelöffnungsvorgangs abhängig. Daher wurden, wie in Abb. 4.2 gezeigt, die Berechnungen der Injektorinnenströmung lediglich während des transienten Öffnungsvorgangs der Nadel bis zum maximalen Nadelhub sowie während einer zeitlich begrenzten Dauer von 0.1 ms bei maximal geöffneter Nadel durchge-

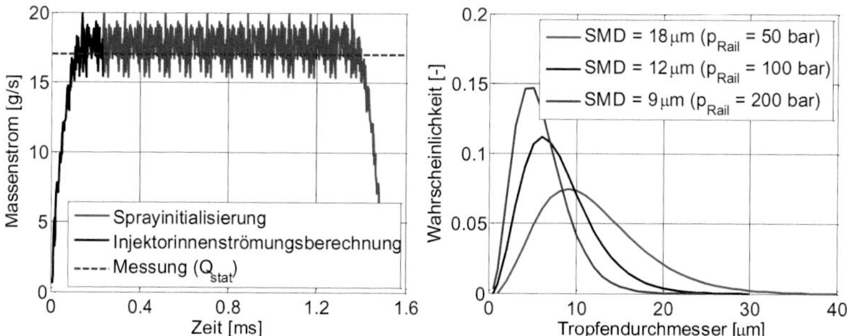

Abbildung 4.2: Links: Massenstromverlauf als Ergebnis der Injektorinnenströmungsberechnung (schwarz) im Vergleich zum gemessenen stationären Durchfluss des Injektors (blau) sowie der für die Sprayinitialisierung verwendete modifizierte Massenstromverlauf (rot); Rechts: Tropfengrößenverteilung in Abhängigkeit vom Raildruck

führt. Daraufhin können die in Abschnitt 2.4.4 beschriebenen, für die Kopplung zwischen Injektorinnenströmung und Gemischbildung relevanten Strömungsvariablen exportiert werden und es kann unter der Annahme von ähnlichen Strömungszuständen während des Öffnungs- und Schließvorgangs der Injektornadel der in Abbildung 4.2 dargestellte Massenstromverlauf erzeugt werden.

Für die Berechnung der Einspritzung wurde ein stationäres zylindrisches Rechengitter mit 120 mm Höhe und 120 mm Durchmesser verwendet. Die Gitterweite im düsennahen Bereich beträgt dabei ca. 30 μm, insgesamt besteht das Rechengitter aus ca. 5 Mio. Zellen. Im Gegensatz zur oben erläuterten Berechnung der Injektorinnenströmung wurde in diesem Fall, um z.B. die Effekte der Strahlinteraktion besser berücksichtigen zu können, ein Vollmodell verwendet.

Wie in Abschnitt 2.4.1 beschrieben, wurde im Rahmen dieser Arbeit auf eine Modellierung des Primärzerfalls verzichtet. Stattdessen wurde ein bereits zerstäubter Strahl angenommen und eine entsprechende Tropfengrößenverteilung initialisiert. Aufgrund der guten Übereinstimmung mit Messergebnissen wurde in diesem Fall die Tropfengrößenverteilung entsprechend einer ξ^2-Verteilung vorgegeben. Diese ist wie folgt definiert (Baumgarten [18]):

$$P\left(d_{Tr}\right) = \frac{1}{6\bar{d}^4} d_{Tr}^3 \exp\left(\frac{-d_{Tr}}{\bar{d}}\right) \text{, mit } \bar{d} = \frac{SMD}{6} \, . \tag{4.1}$$

Der zur Bestimmung der Tropfengrößenverteilung nach Gleichung 4.1 notwendige mittlere Sauterdurchmesser SMD wurde raildruckabhängig, basierend auf entsprechenden experimentellen Messungen der Tropfengrößen, vorgegeben. Abbildung 4.2 rechts zeigt die im Rahmen des in Abschnitt 4.3 erläuterten Sprayabgleichs verwendeten Tropfengrößenverteilungen (vgl. auch Ilg [131]).

4.2 Einfluss der Injektorinnenströmung

Zur Untersuchung des Einflusses der Injektorinnenströmung auf die Gemischbildung wurden zunächst Berechnungen der Injektorinnenströmung mit dem Berechnungsprogramm CFX der Fa. Ansys [17] durchgeführt. Wie in Abschnitt 2.3.1 beschrieben, erlaubt der dabei verwendete mehrphasige Strömungslöser die Berücksichtigung von Phasenwechselwirkungsprozessen sowie von Kavitationseffekten (vgl. Abschn. 2.3.2). Diese spielen, wie im Folgenden erläutert, insbesondere bei Erhöhung des Raildrucks eine wichtige Rolle. Abbildung 4.3 zeigt anhand der Geschwindigkeitsfelder in Richtung der Spritzlochachse (oben) sowie senkrecht dazu am Spritzlochaustritt (unten) den Einfluss einer Raildruckerhöhung.

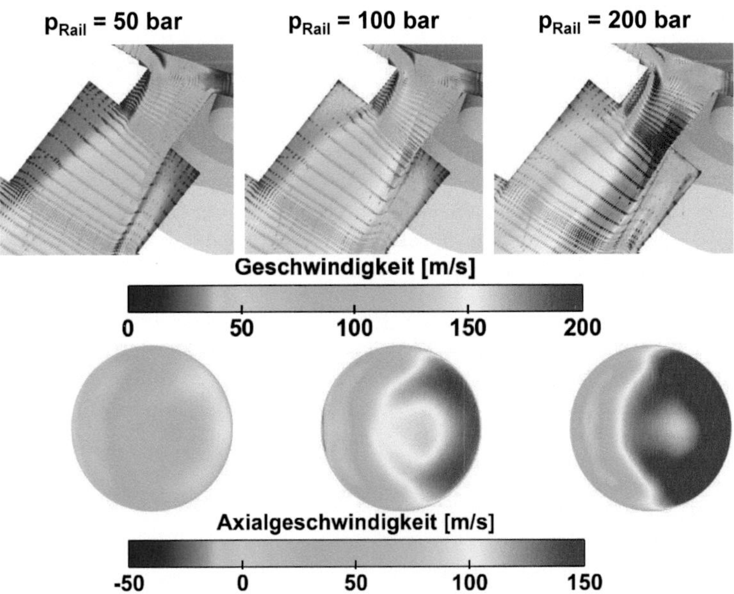

Abbildung 4.3: Einfluss des Raildrucks auf die zeitlich gemittelte Geschwindigkeitsverteilung der Strömung, dargestellt in einem Schnitt in Richtung der Spritzlochachse (oben) sowie die Axialgeschwindigkeit in Richtung der Spritzlochachse am Spritzlochaustritt (unten)

Die dargestellten Raildrücke von $p_{Rail} = 50\,\text{bar}$ (links), $p_{Rail} = 100\,\text{bar}$ (Mitte) und $p_{Rail} = 200\,\text{bar}$ (rechts) orientieren sich dabei an den in den Spraykammermessungen (vgl. Abschn. 3.1) untersuchten Raildrücken. Dabei ist, wie zu erwarten, einerseits ein deutlicher Einfluss des Raildrucks auf das mittlere Niveau der Austrittsgeschwindigkeit zu erkennen, andererseits aber auch eine deutliche Zunahme des Ablösegebietes im Spritzloch mit zunehmendem Raildruck. Dies ist im Wesentlichen bedingt durch die starke Umlenkung der Strömung am Spritzlocheintritt sowie dem fertigungsbedingt sehr kleinen Kantenradius am Spritzlocheintritt. Wie aus der in Abb. 4.4 oben in einem Schnitt in Richtung der Spritzlochachse dargestellten Verteilung des gasförmigen n-Heptan Volumenanteils zu erkennen, nimmt dabei mit zunehmendem Raildruck auch der Einfluss der Kavitation und damit der Volumenanteil des gasförmigen Kraftstoffes in dem angesprochenen Ablösegebiet zu. Die in Abb. 4.4 unten in einem Schnitt senkrecht zur Spritzlochachse am Spritzlochaustritt dargestellte Verteilung des gasförmigen n-Heptan Volumenanteils zeigt wiederum, dass dementsprechend bei Erhöhung des Raildrucks der effektive Spritzlochquerschnitt deutlich abnimmt. Diese angesprochene Reduktion des effektiven Spritzlochquerschnitts mit zunehmendem Raildruck ergibt sich in diesem Fall direkt als Ergebnis der Injektorinnenströmungsberechnung, wohingegen bei der konventionellen Initialisierung ein aufwändiger Sprayabgleich basierend auf experimentellen Spraydaten zur Ermittlung des raildruckabhängigen, effektiven Spritzlochquerschnitts notwendig ist. Eine weitere Größe, welche direkt aus den Ergebnissen der Injektorinnenströmungsberechnung ermittelt werden kann, ist der jeweilige Spraykegelwinkel. Dieser ergibt sich aus der maximalen Abweichung des Strahlwinkels der lokalen Strömung zur Strahlachse (vgl. Yang [46], Henn [132]). Im Fall der konventionellen Initialisierung ist auch hier wiederum ein aufwändiger Sprayabgleich, basierend auf experimentellen Spraydaten, zur Ermittlung des raildruckabhängigen Spraykegelwinkels erforderlich.

Werden die im Rahmen der Berechnung der Injektorinnenströmung ermittelten Strömungsgrößen, wie in Abschnitt 2.4.4 beschrieben, am Vorstufenaustritt der Sprayrechnung als Randbedingung vorgegeben, kann die entsprechende Sprayausbreitung berechnet und der Einfluss der Injektorinnenströmung auf die Sprayausbreitung ermittelt werden. Abbildung 4.5 zeigt diesen anhand eines Vergleichs der mittels konventioneller Initialisierung (links) sowie unter Berücksichtigung der Injektorinnenströmung berechneten Spraybilder (rechts) im Vergleich zu dem mittig dargestellten gemessenen Spraybild. Wie aus Abb. 4.5 ersichtlich, kann die gemessene Penetration dabei in beiden Fällen sehr gut wiedergegeben werden, im Fall der konventionellen Initialisierung allerdings nur bei vorheriger Anpassung des effektiven Strömungsquerschnitts als auch des Spraykegelwinkels. Abbildung 4.5 zeigt weiterhin, dass bei Berücksichtigung der Injektorinnenströmung die strahlindividuellen Unterschiede in der Eindringtiefe deutlich besser entsprechend der Messung abgebildet werden. Zusätzlich werden die Strukturen der einzelnen Spraystrahlen wie z.B. die auch aus der Messung ersichtliche Strahlkontraktion der äußeren Strahlen an der Strahlspitze besser reproduziert. Dies ist im Fall der konventionellen Initialisierung, im Wesentlichen bedingt durch die Vorgabe eines über den Lochquerschnitt konstanten Massenstroms, nicht möglich. Zusammengefasst können mit beiden Initialisierungsarten die globalen Spraygrößen der Messung, wie z.B. die Penetration, gut reproduziert werden. Allerdings ist im Fall der

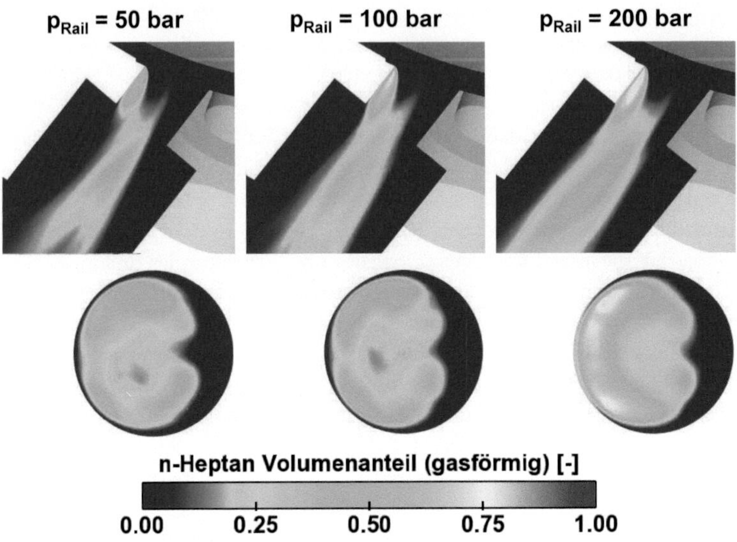

Abbildung 4.4: Raildruckabhängige Verteilung des zeitlich gemittelten gasförmigen n-Heptan Volumenanteils in einem Schnitt in Richtung der Spritzlochachse (oben) sowie in einem Schnitt senkrecht zur Spritzlochachse am Spritzlochaustritt (unten)

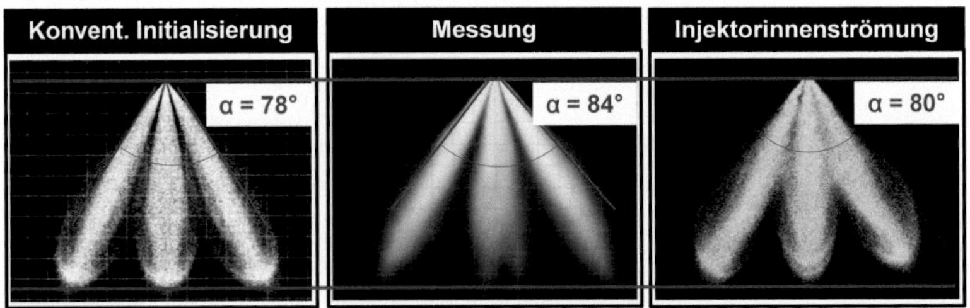

Abbildung 4.5: Einfluss der Sprayinitialisierung auf die berechnete Sprayausbreitung zum Zeitpunkt $t = 1.0\,\text{ms}$ nach SOI, bei einem Raildruck von $p_{Rail} = 100\,\text{bar}$. Links: konventionelle Initialisierung, Mitte: Messung, Rechts: Injektorinnenströmungsberechnung als Randbedingung

konventionellen Initialisierung dazu im Vorfeld ein entsprechend aufwändiger Sprayabgleich notwendig. Dieser entfällt größtenteils bei Verwendung der Injektorinnenströmung als Randbedingung der Sprayberechnung. Zudem können unter Berücksichtigung der Injektorinnenströmung wichtige lokale Spraycharakteristiken, wie z.B. die strahlindividuelle Penetration, besser entsprechend der Messung abgebildet werden. Aus diesem Grund wurden sowohl die im Rahmen des nachfolgenden Sprayabgleichs mit experimentellen Daten als auch die in den in Kapiteln 5 und 6 dargestellten Sprayberechnungen mit den aus der Injektorinnenströmungsberechnung ermittelten Strömungsgrößen initialisiert.

4.3 Ergebnisse des Sprayabgleichs

Im Folgenden soll anhand einer Gegenüberstellung von 3D-Simulation und experimentellen Untersuchungen die Validierung der in Abschnitt 4.1 beschriebenen Vorgehensweise zur Spraymodellierung dargestellt werden. Abbildung 4.6 links zeigt den quantitativen Vergleich der berechneten und der gemessenen Penetration, ausgewertet am jeweils mittleren in Abb. 4.7 dargestellten Spraystrahl, für drei verschiedene Raildrücke.

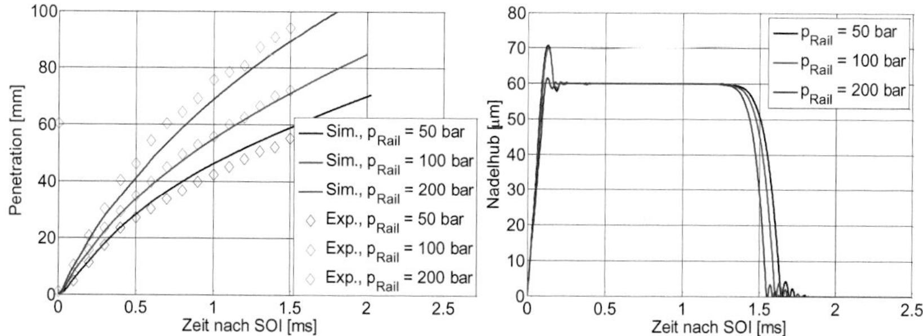

Abbildung 4.6: Vergleich der zeitlichen Entwicklung der Penetration aus 3D-Simulation und Messung (links) sowie der Nadelhubverlauf (rechts) jeweils dargestellt für die drei betrachteten Raildrücke

Dabei ist zu erkennen, dass die gemessene Penetration unabhängig vom Raildruck in der Berechnung gut wiedergegeben werden kann. Lediglich bei dem betrachteten höheren Raildruck von $p_{Rail} = 200\,\text{bar}$ wird die Penetration in der 3D-Simulation geringfügig unterschätzt. Hierbei sind jedoch auch die in Abschnitt 3.1 beschriebenen Ungenauigkeiten bei der Bestimmung der gemessenen Penetration, im Wesentlichen bedingt durch die Mittelung der gemessenen Einzelbilder, zu beachten. Wie in Abb. 4.4 dargestellt, nimmt die Kavitationsneigung im Spritzloch bei höheren Raildrücken deutlich zu. Dadurch nehmen jedoch tendenziell auch die Strahlfluktuationen zwischen den einzelnen Einspritzungen zu. Wie in Abschnitt 3.1 beschrieben, führt dies wiederum bei der anschließenden Mittelung über die einzelnen gemessenen Einspritzungen zu einem verstärkten „Verschwimmen" der äußeren Strahlkonturen mit dem Hintergrund und damit zu einer größeren Messunsicherheit. Abbildung 4.6 rechts zeigt weiterhin die aus einer 1D-Simulation berechneten und als Randbedingung für die 3D-Simulation verwendeten Nadelhubverläufe für die drei betrachteten Raildrücke. Wie zu erwarten, nimmt hier der während des Öffnungsvorgangs ersichtliche Überschwinger mit zunehmendem Raildruck und damit zunehmendem Gegendruck ab.

Die qualitative Gegenüberstellung der berechneten und der gemessenen Sprayausbreitung ist für die drei betrachteten Raildrücke zu zwei verschiedenen Zeitpunkten in Abbildung 4.7 dargestellt. Auch hier ist zu erkennen, dass in der 3D-Simulation, unter Berücksichtigung der Injektorinnenströmung, die Strahlcharakteristiken sehr gut entsprechend der Messung wiedergegeben werden. Auch die angesprochenen strahlindividuellen Unterschiede, wie z.B. die geringfügig größere Penetration des äußeren linken Einspritzstrahls sowie die insbesondere bei höheren Raildrücken zu sehende Kontraktion der Strahlen an der Strahlspitze werden gut reproduziert.

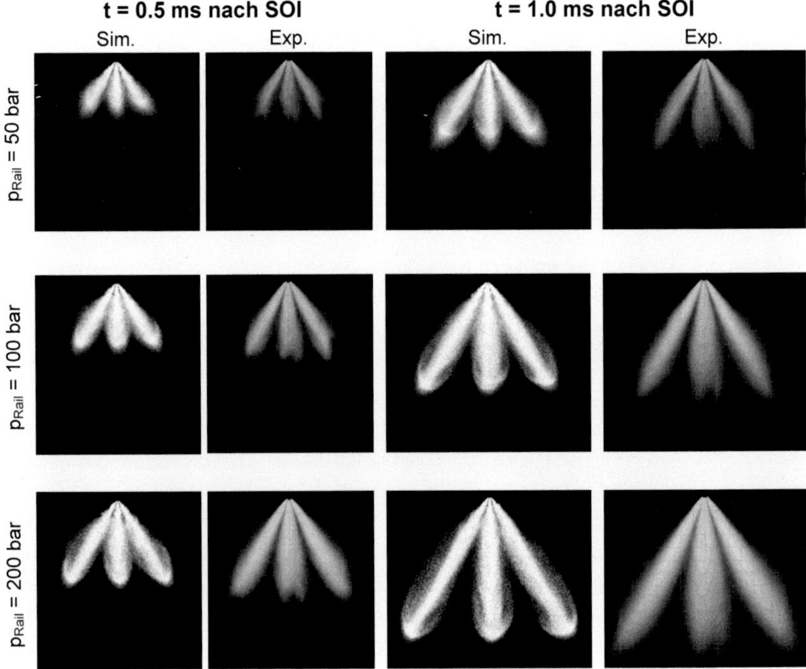

Abbildung 4.7: Vergleich der berechneten mit der gemessenen Sprayausbreitung bei unterschiedlichen Raildrücken, jeweils 0.5 ms (links) und 1.0 ms (rechts) nach Einspritzbeginn

Zusammenfassend kann festgehalten werden, dass mit der hier vorgestellten Vorgehensweise die Strahlausbreitung des betrachteten Mehrlochventils sehr gut beschrieben werden kann. Dies ist wiederum, wie aus der in Abb. 1.2 dargestellten Modellkette ersichtlich, eine wichtige Voraussetzung für die im folgenden Kapitel dargestellten Untersuchungen zur Modellierung der Spray-Wand-Interaktion. Weiterhin können unter Berücksichtigung der Injektorinnenströmung die strahlindividuellen Spraycharakteristiken gut reproduziert werden. Aus diesem Grund ist auch ein Einfluss der Injektorinnenströmung auf die Spray-Wand-Interaktion zu erwarten, welcher im folgenden Kapitel untersucht werden soll. Ein weiterer wichtiger Vorteil der hier beschriebenen Vorgehensweise zur Spraymodellierung ist der Entfall des im Fall der konventionellen Initialisierung notwendigen und u. U. sehr aufwändigen Sprayabgleichs, wenngleich natürlich zusätzlich eine hinsichtlich ihres Aufwands nicht zu vernachlässigende Berechnung der Injektorinnenströmung durchgeführt werden muss.

Kapitel 5

Untersuchungen zur Spray-Wand-Interaktionsmodellierung

5.1 Methodische Vorgehensweise

Wie in Kapitel 1 erläutert, ist in vorgemischt betriebenen Ottomotoren mit Direkteinspritzung die Benetzung der Brennraumwände mit flüssigem Kraftstoff eine der dominierenden Ursachen für Partikelemissionen. Um eine Analyse der Rußquellen mittels der numerischen Simulation durchführen zu können, ist daher eine möglichst detaillierte Modellierung der Spray-Wand-Wechselwirkung sowie der Wandfilmdynamik erforderlich. Voraussetzung für eine detaillierte Modellierung der Spray-Wand-Interaktion ist wiederum, wie aus der in Abb. 1.2 dargestellten Modellkette ersichtlich, eine detaillierte Modellierung der Sprayausbreitung. Aus diesem Grund wurde für die nachfolgend dargestellten Untersuchungen die in Kapitel 4 beschriebene validierte Spraymodellierung verwendet. Die Kopplung der dispersen Phase (Spray) mit dem Wandfilm erfolgte für jeden auf die Wand treffenden Tropfen über das in Kapitel 2.5.1 beschriebene Spray-Wand-Interaktionsmodell nach Kuhnke [48] und Birkhold [57]. Der Wärmeübergang zwischen Tropfen und Wand wurde im vorliegenden Fall entsprechend der in Abschnitt 2.5.2 beschriebenen Modellierung berechnet. Der im Fall einer Tropfenablagerung gebildete Wandfilm wurde wiederum entsprechend der in Abschnitt 2.5.3 beschriebenen zweidimensionalen Finite-Volumen-Modellierung berücksichtigt. Da weiterhin die Oberflächentemperatur sowohl für die Regimeeinteilung der ankommenden Tropfen als auch für den Wärmeübergang beim Tropfen-Wand-Kontakt eine signifikante Bedeutung hat, wurde an dieser Stelle der in Kapitel 2.5.4 beschriebene Ansatz zur Modellierung der Wärmeleitung in dünnen Wänden verwendet. Die Validierung der genannten Modelle erfolgte im Rahmen dieser Arbeit anhand der in Kapitel 3.2 beschriebenen experimentellen Untersuchungen.

Für die Simulation wurde im Rahmen dieser Untersuchungen ein zylindrisches Berechnungsgitter mit einem Durchmesser von 100 mm und einer Höhe von 25 mm bis 50 mm verwendet, abhängig vom experimentell untersuchten Abstand zwischen Injektor und Wand. Die Gitterweite im düsennahen Bereich wurde dabei entsprechend der in Abschnitt 4.1 verwendeten Diskretisierung gewählt.

Ziel der in Abschnitt 5.3 erläuterten Untersuchungen ist die Validierung der Modellierung hinsichtlich der orts- und zeitaufgelösten Temperaturverteilung auf der in den experimentellen Untersuchungen verwendeten Blechoberfläche. Daher musste auch in den numerischen Untersuchungen die Absenkung der Oberflächentemperatur aufgrund der Spraykühlung anhand des oben genannten und in Abschnitt 2.5.4 erläuterten Ansatzes zur Modellierung der Wärmeleitung in dünnen Wänden berücksichtigt werden. Hierbei wird die Blechoberfläche entsprechend dem Fluidoberflächennetz diskretisiert und die Wärmeleitung innerhalb der Blechoberfläche in lateraler Richtung berechnet. Die Wärmeleitung in Wandnormalenrichtung wird in diesem Fall aufgrund der geringen Blechdicke von 100 μm vernachlässigt. Somit wird jedoch in der Simulation im Gegensatz zur Messung, bei der die Oberflächentemperatur thermografisch auf der Blechunterseite ermittelt wird (vgl. Abschnitt 3.2.2), die Temperaturabsenkung auf der Blechoberseite berechnet. Um dennoch einen direkten Abgleich zwischen Messung und Simulation durchführen zu können, wurde im Rahmen dieser Arbeit die in Abbildung 5.1 dargestellte gekoppelte Vorgehensweise eingeführt.

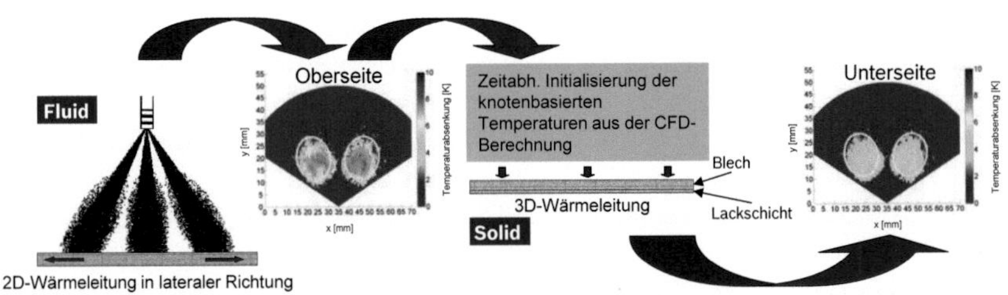

Abbildung 5.1: Schematische Darstellung der gekoppelten Vorgehensweise zur Ermittlung der instationären Temperaturverteilung auf der Blechunterseite

Wie in Abb. 5.1 gezeigt, wurden dazu zu jedem Zeitschritt die Knoten-basierten Oberflächentemperaturen der Fluid-Rechnung exportiert. Diese wurden in einem weiteren Schritt als Randbedingung in eine Festkörper-Rechnung importiert, um so die Wärmeleitung innerhalb des elektrisch beheizten Blechs und damit die Temperaturen auf der Blechunterseite ermitteln zu können. Da, wie in Abschnitt 3.2.2 erläutert, die Blechunterseite zusätzlich mit einer Lackschicht beschichtet war, wurde in der Festkörper-Berechnung in diesem Fall zusätzlich die Lackschicht mit den entsprechenden Stoffeigenschaften berücksichtigt. Wie aus den in Abbildung 5.1 dargestellten Temperaturfeldern ersichtlich, ergibt sich dabei eine deutliche Temperaturdifferenz zwischen Blechoberseite und -unterseite, wobei hier aus Symmetriegründen nur zwei der sechs Einspritzstrahlen des Mehrlochinjektors dargestellt sind.

Die in Abb. 5.2 gezeigten flächengemittelten Temperaturverläufe wurden über die in den Temperaturfeldern ersichtlichen elliptischen Flächen gemittelt. Auch hier ist ein deutlicher Unterschied im Verlauf der mittleren Wandtemperatur zwischen der Blechoberseite und der beschichteten Blechunterseite zu erkennen. Diese Temperaturdifferenz ist wiederum, wie aus Abb. 5.2 zu erkennen, entscheidend durch die auf der Blechunterseite aufgetragene Lackschicht beeinflusst, da diese eine deutlich geringere Wärmeleitfähigkeit besitzt.

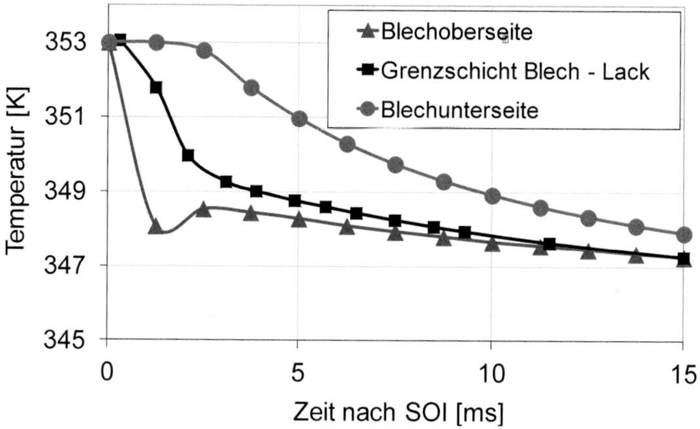

Abbildung 5.2: Flächengemittelte Temperaturverläufe, ausgewertet an der Blechoberseite, der Grenzschicht zwischen Blech und Lack sowie der Blechunterseite

5.2 Validierung der Wandfilmdynamik

Die Wandfilmmasse und deren örtliche Verteilung ist eine der wichtigsten Eigenschaften von Kraftstoffwandfilmen. Die in Abschnitt 3.2.1 erläuterten Fluoreszenz-basierten experimentellen Untersuchungen bieten hier eine sehr gute Option, die numerischen Berechnungen hinsichtlich der berechneten Filmhöhenfelder und damit auch hinsichtlich der berechneten Filmmasse zu validieren. Abbildung 5.3 Mitte zeigt das für einen Abstand zwischen Glasplatte und Injektor von $x = 35\,\text{mm}$ gemessene Filmhöhenfeld eines der sechs Einspritzstrahlen des in Abschnitt 3.1 beschriebenen Injektors zu einem Zeitpunkt von $t = 12\,\text{ms}$ nach Einspritzbeginn. Auffällig ist hier die geringe Filmhöhe im Bereich

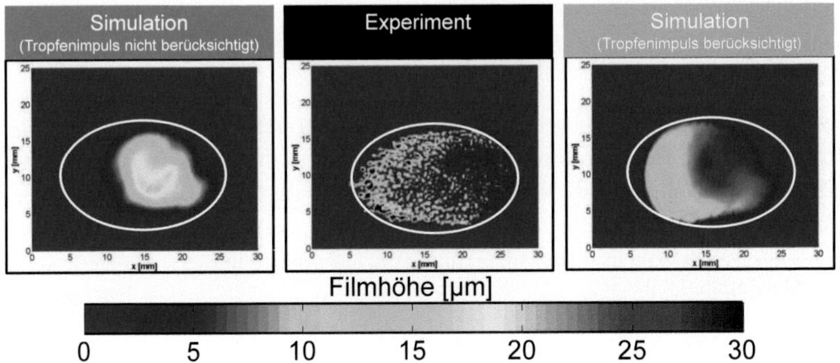

Abbildung 5.3: Filmhöhenfelder aus Messung (Mitte) und Simulation (Links: Impuls der ankommenden Tropfen im Wandfilm vernachlässigt; Rechts: Impuls der ankommenden Tropfen im Wandfilm berücksichtigt) zum Zeitpunkt $t = 12\,\text{ms}$ nach Einspritzbeginn, bei einem Raildruck von $p_{Rail} = 150\,\text{bar}$ und einem Injektor-Wand Abstand von $x = 35\,\text{mm}$

des Strahlauftreffpunktes sowie die durch den Strahlimpuls bedingte Akkumulation des Kraftstoffs im vorderen, strahlabgewandten Bereich des Wandfilmgebietes. Zur Verdeutlichung des Einflusses des Tangentialimpulses der ankommenden Tropfen zeigt Abb. 5.3 links das unter Vernachlässigung dieses Impulses berechnete Filmhöhenfeld. In diesem Fall kann die aus der Messung ersichtliche Wandfilmdynamik nicht reproduziert werden, die Wandfilmfläche wird deutlich zu gering, die Wandfilmhöhe zu hoch berechnet. Wird dagegen der Einfluss des tangentialen Impulses der ankommenden Tropfen durch den entsprechenden Quellterm (vgl. Gleichung 2.64) berücksichtigt, kann wie aus Abb. 5.3 rechts ersichtlich, die Wandfilmdynamik in der Berechnung sehr gut wiedergegeben werden. Lediglich die aus der Messung ersichtliche wellige und damit dreidimensionale Oberfläche des Wandfilms kann aufgrund der in Abschnitt 2.5.3 angesprochenen zweidimensionalen Modellierung des Wandfilms nicht im Detail wiedergegeben werden.

Ein weiterer wichtiger Einflussparameter auf die Wandfilmdynamik ist der in Abbildung 5.4 dargestellte Einfluss des Raildrucks auf die Wandfilmbildung. In den links gezeigten, zum Zeitpunkt $t = 12\,\text{ms}$ nach SOI gemessenen Filmhöhenfeldern ist bei Erhöhung des Raildrucks eine verstärkte Ausbreitung des Kraftstoffs in wandtangentialer Richtung und damit eine Verbreiterung der Wandfilmfront bei gleichzeitiger Verringerung der Filmhöhe im Bereich des Strahlauftreffpunktes zu erkennen. Zusätzlich ergibt sich, wie aus dem in Abb. 5.4 unten dargestellten Histogramm ersichtlich, eine Reduktion der abgelagerten Kraftstoffmasse mit zunehmendem Raildruck. Sowohl die Unterschiede in der Wandfilmdynamik als auch die angesprochene Reduktion der Wandfilmmasse bei Erhöhung des Raildrucks können auch in der Berechnung gut reproduziert werden (s. Abb. 5.4 rechts).

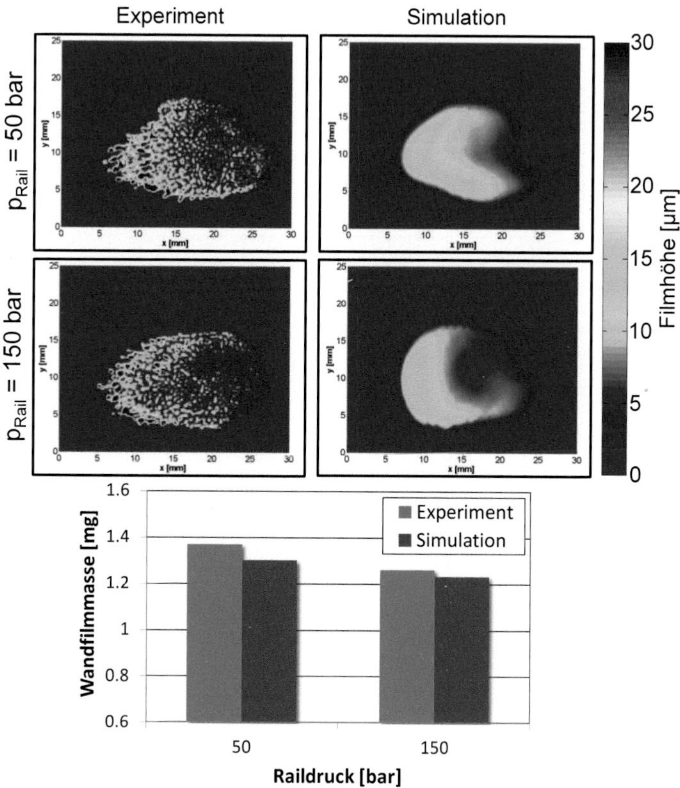

Abbildung 5.4: Einfluss des Raildrucks auf die Filmhöhenfelder aus Messung (links) und Simulation (rechts) zum Zeitpunkt $t = 12\,\mathrm{ms}$ nach Einspritzbeginn und einem Injektor-Wand Abstand von $x = 35\,\mathrm{mm}$ sowie die abgelagerte Kraftstoffmasse als Funktion des Raildrucks (unten)

Zusätzlich ist es im Zusammenspiel mit der Simulation möglich, die Ursachen für die Reduktion der Wandfilmmasse mit zunehmendem Raildruck zu analysieren. Abbildung 5.5 links zeigt hierzu den Einfluss des Raildrucks auf die Strömungsgeschwindigkeit der sprayinduzierten Luftströmung, dem sogenannten Air-Entrainment, zum Zeitpunkt des jeweiligen ersten Spray-Wand-Kontaktes.

Basierend auf der bei Gartung [42] vorgestellten Analysemethode wurde die Strömungsgeschwindigkeit sowie der daraus berechnete und in Abb. 5.6 rechts dargestellte Entrainment-Massenstrom an der isoparametrischen Fläche mit der Luftzahl $\lambda = 2$, welche die Spray-

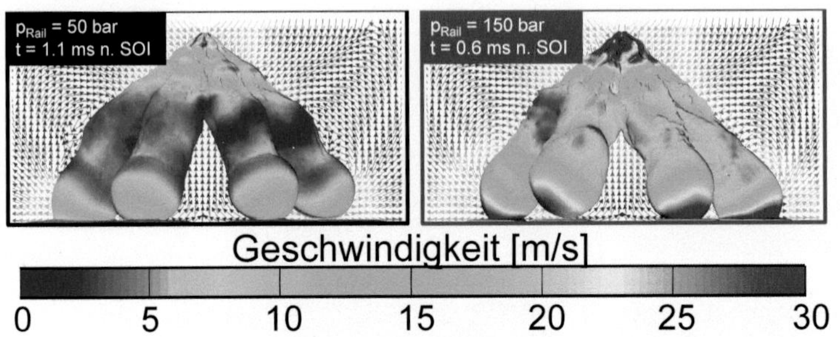

Abbildung 5.5: Strömungsgeschwindigkeit der Entrainment-Strömung in Abhängigkeit vom Raildruck, ausgewertet an der isoparametrischen Fläche mit der Luftzahl $\lambda = 2$ zum Zeitpunkt des jeweils ersten Spray-Wand Kontaktes

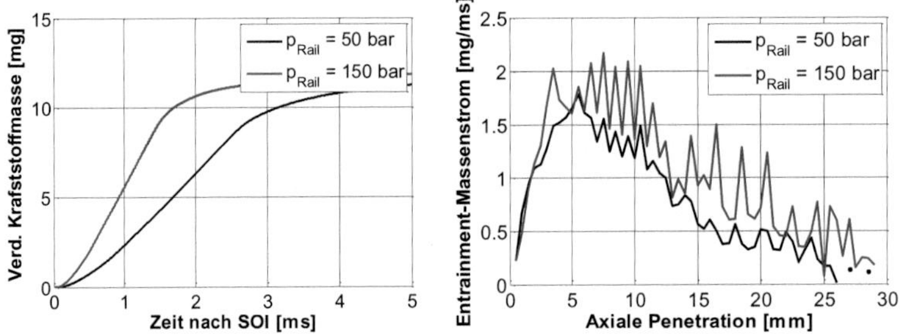

Abbildung 5.6: Einfluss des Raildrucks auf den zeitlichen Verlauf der verdunsteten Kraftstoffmasse (links) sowie der über die Lauflänge des Sprays aufgetragene aufsummierte Entrainment-Massenstrom (rechts)

struktur gut approximiert, ausgewertet. Dabei ist insbesondere im Bereich der Strahlwurzel sowie im Bereich der Strahlfront eine deutliche Zunahme der Strömungsgeschwindigkeit der Entrainment-Strömung mit zunehmendem Raildruck zu erkennen. Analog dazu zeigt sich auch in dem in Abb. 5.6 rechts dargestellten, über der Spraylauflänge aufgetragenen aufsummierten Entrainmentmassenstrom eine deutliche Zunahme des Lufteintrags bei Erhöhung des Raildrucks. Dementsprechend wird dem Strahl bei höherem Raildruck mehr Umgebungsluft zugeführt, wodurch wiederum die Verdunstungsrate ansteigt. Dies zeigt sich ebenfalls in dem in Abb. 5.6 links dargestellten zeitlichen Verlauf der verdunsteten Kraftstoffmasse. Bedingt durch den erhöhten Entrainment-Massenstrom nimmt die Verdunstungsrate bei höherem Raildruck deutlich zu und es gelangt nur ein geringerer Teil der flüssigen Kraftstoffmasse an die Wand. Dies wiederum resultiert in der in Abb. 5.4 gezeigten Reduktion der Wandfilmmasse mit zunehmendem Raildruck.

Insgesamt können somit mit der in Kapitel 2.5 vorgestellten Modellierung der Spray-Wand-Interaktion sowie der Wandfilmdynamik die wesentlichen Parameter wie die mittlere Wandfilmhöhe, die mittlere Wandfilmfläche und damit auch die mittlere Wandfilmmasse gut entsprechend der Messung abgebildet werden. Weiterhin können auch die Einflüsse motorisch relevanter Parameter wie z.B. der in diesem Abschnitt dargestellte Einfluss des Raildrucks auf die Wandfilmdynamik wiedergegeben werden.

5.3 Validierung der Wandtemperaturabsenkung

Die in vorigem Abschnitt 5.2 dargestellten Fluoreszenz-basierten Untersuchungen wurden bei einer Umgebungs- und Wandtemperatur von $T = 293\,\text{K}$ durchgeführt. Aus der in Abschnitt 2.5 erläuterten Regimeeinteilung nach Kuhnke [48] und Birkhold [57] ist ersichtlich, dass in diesem Fall die dimensionslose Wandtemperatur deutlich unter dem unteren Grenzwert liegt und damit die Regimeeinteilung lediglich abhängig vom kinetischen Parameter K ist. Ziel der nachfolgend erläuterten infrarotthermografischen Untersuchungen ist die Ermittlung der orts- und zeitaufgelösten Temperaturverteilung auf der Blechoberfläche. Dazu wird die initiale Wandtemperatur in einem großen Bereich von $T_{Blech} = 353\,\text{K}$ bis $T_{Blech} = 473\,\text{K}$ variiert. Dementsprechend erfolgt die Regimeeinteilung in der CFD-Berechnung nun sowohl abhängig vom kinetischen Parameter K als auch vom thermischen Parameter T^*. Wie in Abschnitt 2.5 erläutert, mussten, um die Verhältnisse aus den Messungen abbilden zu können, die ursprünglichen Grenzwerte der dimensionslosen Wandtemperatur modifiziert werden. Dies war insofern zu erwarten, als die Grenzwerte der dimensionslosen Wandtemperatur nach Birkhold [57] ursprünglich für den Fall einer Spray-Wand-Interaktion mit Harnstoffwasserlösungen implementiert wurden.

Zur Ermittlung der orts- und zeitaufgelösten Temperaturverteilung auf der Blechoberfläche musste auch in den numerischen Untersuchungen die Absenkung der Oberflächentemperatur aufgrund der Spraykühlung anhand des in Abschnitt 2.5.4 erläuterten Ansatzes zur Modellierung der Wärmeleitung in dünnen Wänden berücksichtigt werden. Da weiterhin die Temperaturabsenkung in den in Abschnitt 3.2.2 beschriebenen experimentellen Untersuchungen auf der Blechunterseite bestimmt wurde, musste auch in der Simulation die Temperaturverteilung auf der Blechunterseite ermittelt werden. Dazu wurde die im Rahmen dieser Arbeit eingeführte und in Abschnitt 5.1 dargestellte gekoppelte Vorgehensweise angewandt.

Zur detaillierten Validierung des Spray-Wand-Interaktionsmodells wurde eine umfangreiche Parameterstudie durchgeführt. Dabei wurde durch eine Variation der Blechtemperatur in einem weiten Bereich, von $T_{Blech} = 353\,\text{K}$ bis $T_{Blech} = 473\,\text{K}$, der Einfluss des thermischen Parameters T^* untersucht. Weiterhin wurde durch eine Modifikation des Abstands zwischen

Blech und Injektor und damit der Strahlgeschwindigkeit beim Spray-Wand-Kontakt die Regimeeinteilung in Abhängigkeit des kinetischen Parameters K betrachtet. Abbildung 5.7 zeigt zunächst die Variation der Blechtemperatur bei einem konstanten Abstand zwischen Blech und Injektor von $x = 25\,\mathrm{mm}$, wobei sowohl die experimentellen als auch die numerischen Untersuchungen mit dem einkomponentigen Ersatzkraftstoff n-Heptan durchgeführt wurden. Auf der linken Seite ist in Abbildung 5.7 für jeweils drei Blechtemperaturen zu einem konstanten Zeitpunkt von $t = 10\,\mathrm{ms}$ nach Einspritzbeginn ein Vergleich der Temperaturfelder auf der Blechunterseite zwischen Messung und Simulation dargestellt. Das Diagramm rechts zeigt dagegen einen Vergleich des zeitlichen Verlaufs der über die in den Temperaturfeldern ersichtlichen elliptischen Flächen gemittelten Temperatur zwischen Experiment und Berechnung. Hierbei ist ersichtlich, dass sich bei der niedrigen Blechtemperatur sowohl in der Messung als auch in der Simulation ein sehr großer Bereich geringerer Temperatur und damit auch ein sehr großes Wandfilmgebiet ergibt. Da die dimensionslose Wandtemperatur T* bei einer Blechtemperatur von $T_{Blech} = 353\,\mathrm{K}$ mit $T^* = 0.95$ deutlich unter dem unteren Grenzwert liegt, wird in diesem Fall nur abhängig vom kinetischen Parameter K zwischen Deposition oder Splashing unterschieden. Dementsprechend kann sich hier auch ein deutlich größeres Wandfilmgebiet bilden. Mit zunehmender Wandtemperatur nimmt auch der Einfluss des thermischen Parameters T^* zu. Bei einer Blechtemperatur von $T_{Blech} = 433\,\mathrm{K}$ liegen die ankommendem Tropfen mit einer dimensionslosen Wandtemperatur von $T^* = 1.17$ im Übergangsbereich. In diesem wird, wie in Abschnitt 2.5.1 erläutert, die abgelagerte Tropfenmasse mit zunehmender dimensionsloser Wandtemperatur linear von vollständiger (Deposition) bzw. teilweiser Ablagerung (Splash) bis hin zu vollständiger Reflektion in den Regimen Rebound und Breakup verringert (vgl. Abbildung 2.9). Dies wiederum ist vermutlich die Ursache der aus Abb. 5.7 ersichtlichen geringfügig zu groß berechneten Temperaturabsenkung im Vergleich zur Messung. Bei einer Blechtemperatur von $T_{Blech} = 473\,\mathrm{K}$ ergibt sich dagegen eine dimensionslose Temperatur von $T^* = 1.27$, die Wandtemperatur liegt damit über der Leidenfrosttemperatur von n-Heptan, es kann sich erst durch eine Temperaturabsenkung aufgrund der Spraykühlung ein Wandfilm bilden. Dementsprechend stellt sich mit zunehmender Blechtemperatur sowohl in den Messungen als auch in den Simulationen ein flächenmäßig geringeres Wandfilmgebiet dar. Insgesamt kann dabei, auch bei Betrachtung der mittleren Temperaturverläufe in Abbildung 5.7 rechts, eine sehr gute Übereinstimmung zwischen Messung und Simulation festgehalten werden.

Die Variation des Abstandes zwischen Blech und Injektor bei konstanter Blechtemperatur ($T_{Blech} = 473\,\mathrm{K}$) ist in Abb. 5.8 dargestellt. Die weiteren Randbedingungen sind ansonsten identisch zur bereits gezeigten Variation der Blechtemperatur. Wie aus den Temperaturfeldern in Abb. 5.8 links ersichtlich, kann die Kontraktion sowie die Verschiebung der Strahlauftreffpunkte in Richtung Injektorachse gut wiedergegeben werden. Auch die in

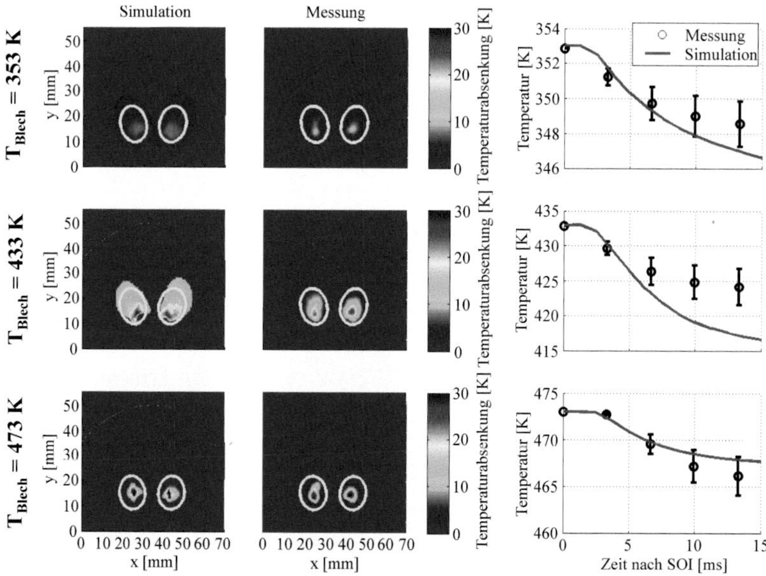

Abbildung 5.7: Gemessene und berechnete Temperaturfelder zum Zeitpunkt $t = 10\,\text{ms}$ nach Einspritzbeginn (links) sowie flächengemittelte Temperaturverläufe (rechts) für verschiedene initiale Blechtemperaturen und einem Injektor-Wand Abstand von $x = 25\,\text{mm}$

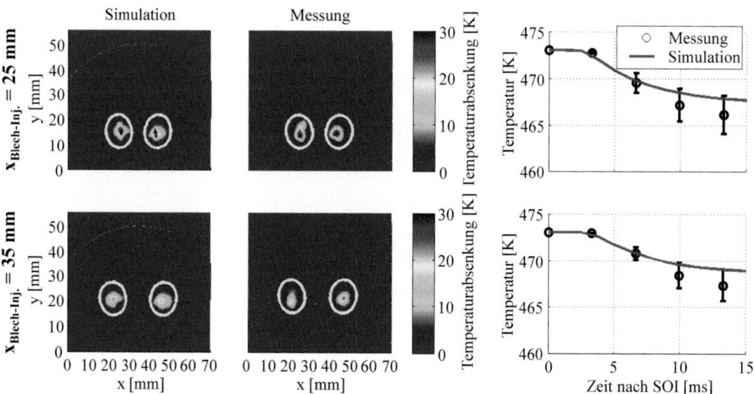

Abbildung 5.8: Gemessene und berechnete Temperaturfelder $t = 10\,\text{ms}$ nach Einspritzbeginn (links) sowie flächengemittelte Temperaturverläufe (rechts) für verschiedene Abstände zwischen Blech und Injektor und einer konst. Blechtemperatur von $T_{Blech} = 473\,\text{K}$

den Versuchen ermittelte und in Abb. 5.8 rechts dargestellte Tendenz einer größeren Temperaturabsenkung bei geringerem Abstand zwischen Blech und Injektor kann in der numerischen Berechnung richtig erfasst werden. Wie aus den in Abb. 5.8 links dargestellten Temperaturfeldern ersichtlich, ist dies weniger durch eine Zunahme der Wandfilmfläche, sondern vielmehr durch eine erhöhte Temperaturabsenkung direkt im Strahlauftreffbereich bedingt. Dieser Effekt, der im Wesentlichen durch eine erhöhte Tropfenbeaufschlagungsdichte und einen erhöhten Tropfenimpuls mit geringerem Abstand zwischen Blech und Injektor verursacht ist, kann sowohl in den Messungen als auch in der Simulation erkannt werden.

5.4 Einflussparameter auf die Spray-Wand-Interaktion

Unter Verwendung der in obigem Kapitel 5 validierten Modellierung der Spray-Wand-Interaktion konnten die wesentlichen Einflussparameter auf die Spray-Wand-Interaktion unter motorischen Randbedingungen ermittelt werden. Dazu wurden neben den Grundsatzuntersuchungen zur Spray-Wand-Interaktion auch 3D-CFD Motorberechnungen des in Abschnitt 3.3.1 beschriebenen Einzylinderaggregats durchgeführt. Neben dem aus den Untersuchungen zur Spray-Wand-Interaktion erwarteten Einfluss der Wandtemperatur konnten dabei auch die Kraftstoffzusammensetzung sowie die Injektorinnenströmung als wichtige Einflussparameter abgeleitet werden. Diese sollen in den folgenden Abschnitten erläutert werden.

5.4.1 Kraftstoffzusammensetzung

Zur Modellierung der motorischen Gemischbildung wird häufig der einkomponentige Ersatzkraftstoff n-Heptan verwendet. Dieser bildet hinsichtlich seiner thermophysikalischen Eigenschaften sehr gut die mittleren Stoffeigenschaften des Benzinkraftstoffs Super Plus ab. Der sehr große Siedetemperaturbereich von Super Plus mit einem Siedebeginn bei $T_{Sied} \approx 307\,\text{K}$ und einem Siedeende bei $T_{Sied} \approx 470\,\text{K}$ kann jedoch durch einen einkomponentigen Ersatzkraftstoff nicht abgebildet werden. Gerade die schwerflüchtigen Anteile im Realkraftstoff sind trotz des verhältnismäßig geringen Massenanteils von besonderer Bedeutung für die Spray-Wand-Interaktion sowie insbesondere für die Wandfilmverdunstung, da diese entsprechend verzögert verdunsten und so die für die Partikelemissionen verantwortlichen lokal kraftstoffreichen Zonen verursachen. Dieser Sachverhalt wird auch durch die bei Köpple et al. [133] dargestellten Ergebnisse bestätigt. Hier wurde bei einem Teillastbetriebspunkt ($n_{Mot} = 2000\,\text{rpm}$, $p_{mi} = 5\,\text{bar}$) ein sehr früher SOI mit $SOI = 350\,°\text{KW v. ZOT}$ untersucht. Dieser zeigt in den experimentellen Untersuchungen eine starke Kolbenwandbenetzung mit einer anschließenden nicht vorgemischten Verbrennung im Bereich des Kolbens und entsprechend hohen Partikelemissionen. Unter Verwendung des einkomponentigen Ersatzkraftstoffs n-Heptan ($T_{Sied} = 371\,\mathrm{K}$) konnten diese lokal kraftstoffreichen Zonen im Bereich des Kolbens in der numerischen Simulation nicht abgebildet werden. Aufgrund der geringen Siedetemperatur verdunstet der Wandfilm bereits deutlich vor ZZP und es steht dann eine ausreichende Zeit zur Homogenisierung des aus dem Wandfilm austretenden Kraftstoffs zur Verfügung. Wurde dagegen der identische Betriebspunkt mit dem schwerer flüchtigen Ersatzkraftstoff n-Dekan ($T_{Sied} = 447\,\mathrm{K}$) berechnet, ergab sich eine deutlich verzögerte Wandfilmverdunstung, was dann in entsprechend kraftstoffreichen Zonen im Bereich des Kolbens resultierte. Im Gegensatz dazu konnte jedoch die bei dem hinsichtlich der gemessenen Partikelemissionen optimalen SOI von 300 °KW v. ZOT zu erwartende sehr gute Homogenisierung nur unter Verwendung des Ersatzkraftstoffs n-Heptan abgebildet werden. Im Widerspruch zur Messung zeigte die Berechnung mit n-Dekan aufgrund der höheren Siedetemperatur eine deutlich schlechtere Homogenisierung. Damit lässt sich die anfangs gemachte Aussage bestätigen, die mittleren Stoffeigenschaften und damit die globale Gemischbildung können mit dem einkomponentigen Ersatzkraftstoff n-Heptan gut abgebildet werden. Die Spray-Wand-Interaktion wird jedoch stark von den schwer flüchtigen Anteilen im Realkraftstoff beeinflusst, welche durch den Ersatzkraftstoff n-Heptan nicht abgebildet werden können. Aus diesem Grund wurde im Rahmen dieser Arbeit der in Abbildung 5.9 gezeigte Ersatzkraftstoff definiert.

Ziel war es hierbei, um den Rechenaufwand möglichst gering zu halten, die thermophysikalischen Stoffeigenschaften des Realkraftstoffs mit möglichst wenigen Kraftstoffkomponenten abzubilden. Wie in Abb. 5.9 anhand der Siedetemperaturen der einzelnen Kraftstoffkomponenten skizziert, konnte insbesondere der Siedetemperaturbereich von Super Plus mit dem hier gezeigten dreikomponentigen Ersatzkraftstoff gut abgebildet werden. Die Siedelinie des definierten ternären Gemischs wird sich aufgrund der gegenseitigen Beeinflussung von den dargestellten Siedetemperaturen der einzelnen Komponenten unterscheiden, wurde jedoch hier nicht explizit bestimmt. Der Einfluss dieser Kraftstoffzusammensetzung auf die Spray-Wand-Interaktion im Vergleich zur bisherigen einkomponentigen Modellierung soll im Folgenden anhand der in Kapitel 5 erläuterten experimentellen und numerischen Grundsatzuntersuchungen dargestellt werden. Abbildung 5.10 zeigt hierzu den Vergleich der berechneten und gemessenen Temperaturfelder sowie der mittleren Temperaturen auf der Blechunterseite bei einer Blechtemperatur von $T_{Blech} = 353\,\mathrm{K}$ und einem Abstand von $x = 25\,\mathrm{mm}$ zwischen Blech und Injektor für die beiden angesprochenen Ersatzkraftstoffe. Auffällig ist hierbei die etwas geringere Temperaturabsenkung bei Verwendung des dreikomponentigen Ersatzkraftstoffes, die sowohl in der Messung als auch in der Simulation beobachtet werden kann. Ursache hierfür ist eine insgesamt geringere Ausdehnung des Bereiches niedrigerer Temperatur. Die Gründe hierfür können im

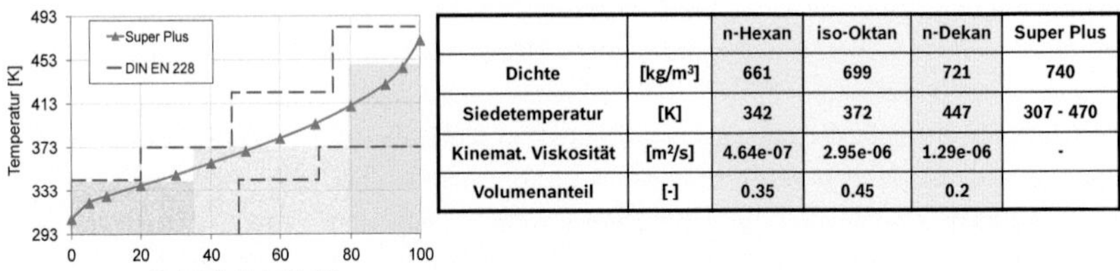

		n-Hexan	iso-Oktan	n-Dekan	Super Plus
Dichte	[kg/m³]	661	699	721	740
Siedetemperatur	[K]	342	372	447	307 - 470
Kinemat. Viskosität	[m²/s]	4.64e-07	2.95e-06	1.29e-06	-
Volumenanteil	[-]	0.35	0.45	0.2	

Abbildung 5.9: Siedelinie (links) und Stoffdaten der verwendeten Ersatzkraftstoffe [134] im Vergleich zu Super Plus

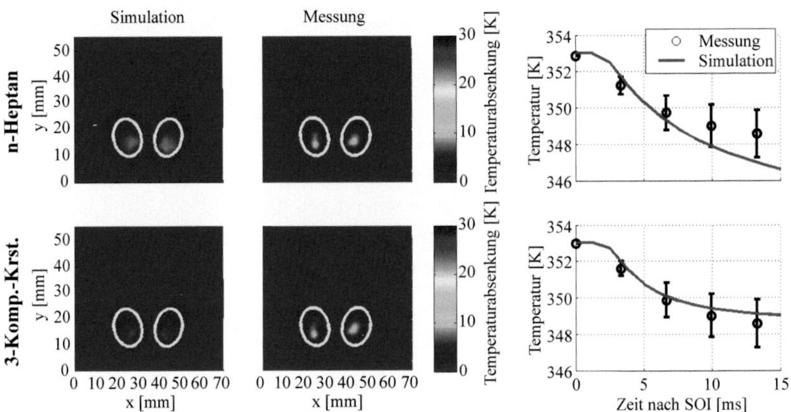

Abbildung 5.10: Gemessene und berechnete Temperaturfelder zum Zeitpunkt $t = 10\,\text{ms}$ nach Einspritzbeginn (links) sowie flächengemittelte Temperaturverläufe (rechts) für n-Heptan und den dreikomponentigen Ersatzkraftstoff bei einer initialen Blechtemperatur von $T_{Blech} = 353\,\text{K}$ und einem Injektor-Wand Abstand von $x = 25\,\text{mm}$

Zusammenspiel mit der Simulation sehr gut abgeleitet werden. Wie bei Köpple et al. [133] erläutert, reicht die während des Tropfen-Wand-Kontaktes übertragene Wärme aus, um einen Großteil der leichtflüchtigen n-Hexan-Tropfen zu verdunsten. Die im weiteren Verlauf, nach der ersten Reflektion, wieder auf die Wand treffenden Tropfen bilden dann einen Wandfilm mit einem deutlich höheren Anteil schwerflüchtiger Komponenten. Dieser Wandfilm verdunstet nur noch sehr geringfügig und bleibt mit entsprechend hoher Temperatur auf der Blechoberfläche bestehen, was wiederum zu einer geringeren Temperaturabsenkung führt. Insgesamt sind bei der hier betrachteten geringen Blechtemperatur die Unterschiede der beiden Ersatzkraftstoffe hinsichtlich der Temperaturabsenkung eher gering. Eine deutlich größere Abhängigkeit vom verwendeten Ersatzkraftstoff ergibt sich

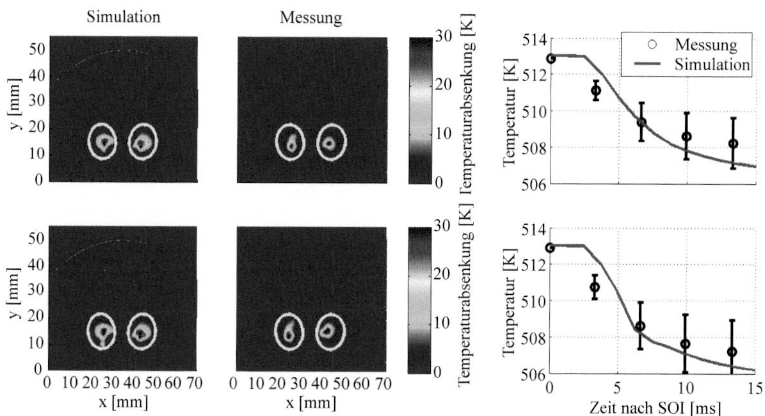

Abbildung 5.11: Gemessene und berechnete Temperaturfelder zum Zeitpunkt $t = 10\,\text{ms}$ nach Einspritzbeginn (links) sowie flächengemittelte Temperaturverläufe (rechts) für n-Heptan und den dreikomponentigen Ersatzkraftstoff bei einer initialen Blechtemperatur von $T_{Blech} = 513\,\text{K}$ und einem Injektor-Wand Abstand von $x = 25\,\text{mm}$

bei einer Erhöhung der initialen Blechtemperatur. Abbildung 5.11 zeigt einen Vergleich der berechneten und gemessenen Temperaturfelder sowie der mittleren Temperaturen auf der Blechunterseite bei einer Blechtemperatur von $T_{Blech} = 513\,\text{K}$ und einem Abstand von $x = 25\,\text{mm}$ zwischen Blech und Injektor für die beiden Ersatzkraftstoffe. Im Gegensatz zu den in Abbildung 5.10 dargestellten Untersuchungen bei einer Blechtemperatur von $T_{Blech} = 353\,\text{K}$ ist hier sowohl in den experimentellen als auch in den numerischen Ergebnissen eine stärkere Temperaturabsenkung bei Verwendung des mehrkomponentigen Ersatzkraftstoffs zu erkennen. Zusätzlich ergibt sich, ausgehend vom ersten Spray-Wand-Kontakt, eine schnellere Temperaturabsenkung durch den dreikomponentigen Kraftstoff. Diese Effekte sind im Wesentlichen bedingt durch den im Mehrkomponentenkraftstoff vorhandenen Anteil schwerflüchtiger Komponenten. Wie in Abschnitt 2.5.2 erläutert, liegt die hier eingestellte initiale Blechtemperatur über der Leidenfrosttemperatur von n-Heptan (vgl. Abb. 2.10). Dadurch kann das ankommende n-Heptan erst nach einer entsprechenden Temperaturabsenkung durch die während des Tropfen-Wand-Kontaktes übertragene Wärme an der Wand abgelagert werden. Im Gegensatz dazu liegt die Leidenfrosttemperatur der im Mehrkomponentenkraftstoff vorhandenen schwerflüchtigen Komponenten deutlich über der initialen Blechtemperatur. Dementsprechend können sich diese Kraftstoffanteile direkt im Wandfilm ablagern, was wiederum in der aus Abb. 5.11 ersichtlich schnelleren und höheren Temperaturabsenkung resultiert.

Insgesamt konnte somit einerseits ein deutlicher Einfluss der Kraftstoffzusammensetzung auf die Vorgänge bei der Spray-Wand-Interaktion gezeigt werden. Andererseits konnte gezeigt werden, dass die verwendete Modellierung in der Lage ist, die kraftstoffabhängigen Unterschiede entsprechend den experimentellen Ergebnissen zu berücksichtigen. Im Hinblick auf die im weiteren diskutierte motorische Anwendung ist damit unter Verwendung des definierten Mehrkomponentenkraftstoffs eine deutlich detailliertere Abbildung der Spray-Wand-Interaktion möglich.

5.4.2 Injektorinnenströmung

Wie in Abschnitt 4.2 erläutert, hat die Berücksichtigung der Injektorinnenströmung bei der Sprayinitialisierung einen deutlichen Einfluss auf die berechnete Sprayausbreitung. So konnte anhand eines Vergleichs der mittels konventioneller Initialisierung sowie unter Berücksichtigung der Injektorinnenströmung berechneten Spraybilder im Vergleich zu den entsprechenden gemessenen Spraybildern gezeigt werden, dass die gemessene Penetration zwar in beiden Fällen sehr gut wiedergegeben werden kann, bei Berücksichtigung der Injektorinnenströmung jedoch die strahlindividuellen Unterschiede in der Eindringtiefe deutlich besser entsprechend der Messung abgebildet werden. Zusätzlich werden die Strukturen der einzelnen Spraystrahlen, wie z.B. die auch aus der Messung ersichtliche Strahlkontraktion der äußeren Strahlen an der Strahlspitze, besser reproduziert. Aus diesem Grund ist auch ein Einfluss der Injektorinnenströmung auf die Spray-Wand-Interaktion zu erwarten.

Um diesen untersuchen zu können, wurden die in Abschnitt 3.2.1 erläuterten experimentell mittels laser-induzierter Fluoreszenz ermittelten Wandfilmhöhenfelder mit den entsprechenden berechneten Wandfilmhöhenfeldern verglichen. Wie in Abbildung 5.12 dargestellt, wurde dabei in der Berechnung einerseits die in Abschnitt 2.4.4 beschriebene konventionelle Initialisierung verwendet (links) und andererseits die Injektorinnenströmung bei der Sprayinitialisierung berücksichtigt (rechts). Hierbei ist ein deutlicher Einfluss der Injektorinnenströmung auf die Wandfilmdynamik zu erkennen. So kann bei Vernachlässigung der Injektorinnenströmung (Abb. 5.12 links) die Akkumulation des Kraftstoffes im vorderen, strahlabgewandten Bereich entgegen der Messung nicht abgebildet werden. Des Weiteren kann die aus der Messung ersichtliche elliptische Form des Wandfilmgebietes nicht reproduziert werden. Stattdessen wird ein eher kreisförmiges Wandfilmgebiet berechnet. Dies ist im Fall der konventionellen Initialisierung im Wesentlichen bedingt durch die Vorgabe eines über den Lochquerschnitt konstanten Massenstroms, was, wie in Abschnitt 4.2 erläutert, in einer entsprechend homogenen, kegelförmigen Strahlausbreitung resultiert.

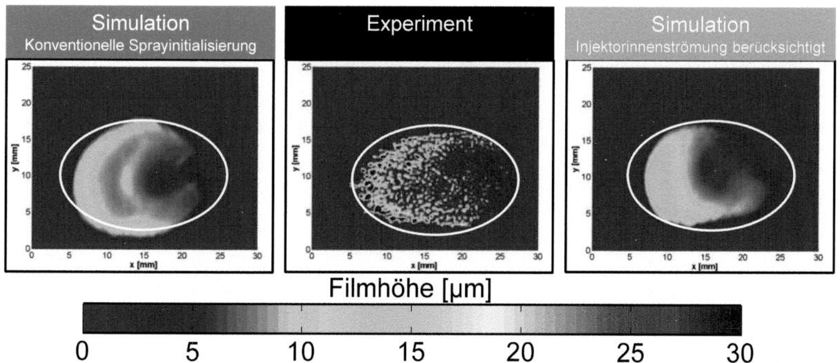

Abbildung 5.12: Filmhöhenfelder aus Messung (Mitte) und Simulation (Links: Konventionelle Sprayinitialisierung, Injektorinnenströmung nicht berücksichtigt; Rechts: Injektorinnenströmung berücksichtigt) zum Zeitpunkt $t = 12\,\text{ms}$ nach Einspritzbeginn, bei einem Raildruck von $p_{Rail} = 150\,\text{bar}$ und einem Injektor-Wand-Abstand von $x = 35\,\text{mm}$

Insgesamt kann somit der aus den in Abschnitt 4.2 erläuterten Untersuchungen zur Sprayausbreitung erwartete Einfluss der Injektorinnenströmung auf die Spray-Wand-Interaktion bestätigt werden. Unter Berücksichtigung der Injektorinnenströmung lassen sich die Details der Wandfilmdynamik deutlich besser entsprechend den experimentellen Ergebnissen abbilden.

5.4.3 Wandtemperatur

Einen weiteren wichtigen Einflussparameter auf die Spray-Wand-Interaktion stellt die jeweilige Oberflächentemperatur dar. In der motorischen CFD-Berechnung wird häufig für die verschiedenen Bauteile jeweils eine über den gesamten Zyklus konstante Oberflächentemperatur angenommen. Damit werden aber sowohl zeitliche als auch räumliche Schwankungen der Oberflächentemperatur vernachlässigt. Im Rahmen der bisherigen Grundsatzuntersuchungen (vgl. Abschnitt 5.3) konnte gezeigt werden, dass insbesondere die Berücksichtigung der Temperaturabsenkung aufgrund des auftreffenden Kraftstoffs eine wichtige Einflussgröße auf die Spray-Wand-Interaktion und die Wandfilmverdunstung darstellt. Zur Verdeutlichung dieses Effektes ist in Abbildung 5.13 der Einfluss der Oberflächentemperaturabsenkung auf die berechnete Wandfilmmasse dargestellt. Hierbei wurde eine initiale Wandtemperatur von $T_{Wand} = 473\,\text{K}$ gewählt, was einer in motorischen CFD-Untersuchungen typischerweise verwendeten Kolbentemperatur entspricht. Wie aus Abb. 5.13 links ersichtlich, ergibt sich durch die Spraykühlung eine Reduktion der mittleren Wandtemperatur von ca. 8 K, lokal ergeben sich, wie im vorherigen

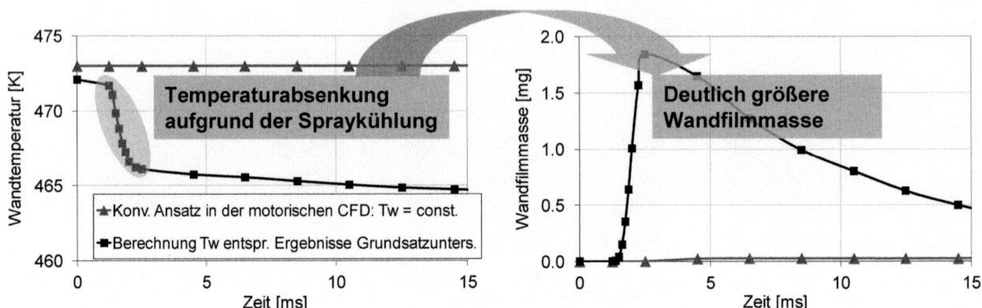

Abbildung 5.13: Einfluss der Spraykühlung auf die Wandtemperatur und die Wandfilmmasse

Abschnitt 5.3 erläutert, deutlich größere Temperaturabsenkungen. Aufgrund der hohen Wandtemperatur von $T_{Wand} = 473\,\mathrm{K}$, die geringfügig über der Leidenfrosttemperatur des verwendeten Kraftstoffs liegt, kann sich flüssiger Kraftstoff erst nach einer entsprechenden Temperaturabsenkung aufgrund der Spraykühlung an der Wand ablagern. Mittels des konventionellen Ansatzes, der Annahme einer konstanten Wandtemperatur, kann dieser Effekt nicht abgebildet werden, was wiederum in einer deutlich zu gering berechneten Wandfilmmasse resultiert. Die Temperaturabsenkung aufgrund der Spraykühlung hat somit einen deutlichen Einfluss auf die Wandfilmmasse und damit letztendlich auch auf die Prognose der Partikelemissionen. Aus diesem Grund wurde der in Abschnitt 2.5.4 beschriebene, bisher nur für stationäre Gitter einsetzbare Ansatz zur Modellierung der Wärmeleitung in dünnen Wänden auf eine Anwendung mit bewegten Gittern erweitert. Somit kann die Temperaturabsenkung aufgrund der Spraykühlung auch in motorischen CFD-Berechnungen berücksichtigt werden. Der Einfluss dieser erweiterten Modellierung sowie der Abgleich mit den in Abschnitt 3.3.4 beschriebenen Oberflächentemperaturmessungen auf dem Kolben eines Einzylinderaggregats soll im folgenden Kapitel erläutert werden.

Kapitel 6

Validierung der gesamten Modellkette unter motorischen Randbedingungen

6.1 Methodische Vorgehensweise und Randbedingungen

Die Validierung der gesamten Modellkette unter motorischen Randbedingungen wird im Rahmen dieser Arbeit an dem in Abschnitt 3.3.1 vorgestellten optisch zugänglichen Einzylinder-Forschungsmotor durchgeführt. Wie in Kapitel 1 erläutert, ist in vorgemischt betriebenen Ottomotoren mit Direkteinspritzung die Benetzung der Brennraumwände mit flüssigem Kraftstoff eine der wesentlichen Ursachen für Partikelemissionen. Aus diesem Grund wurde in den hier dargestellten Untersuchungen die in Kapitel 2.4 erläuterte und in Abschnitt 4.3 validierte Spraymodellierung sowie die in Kapitel 2.5 beschriebene und in Kapitel 5 anhand experimenteller Untersuchungen abgeglichene Modellierung der Spray-Wand-Interaktion verwendet. Wie gezeigt, haben sowohl die Injektorinnenströmung als auch die Kraftstoffzusammensetzung und die Wandtemperatur einen wichtigen Einfluss auf die Spray-Wand-Interaktion. Daher wurde auch in den motorischen Untersuchungen der in Abschnitt 5.4.1 beschriebene mehrkomponentige Ersatzkraftstoff verwendet, die Injektorinnenströmung berücksichtigt und der in Abschnitt 2.5.4 erläuterte Ansatz zur Modellierung der Wärmeleitung in dünnen Wänden, welcher die Berücksichtigung der Temperaturabsenkung aufgrund der Spraykühlung ermöglicht, in den motorischen Untersuchungen angewandt.

Das für die Strömungssimulation verwendete Berechnungsgebiet besteht dabei aus dem Brennraum sowie den sich daran anschließenden Ein- und Auslasskanälen (s. Abbildung 6.1 oben) des Einzylinder-Forschungsmotors. Um eine effizientere Berechnung zu ermöglichen, werden diese jedoch nur in der entsprechenden Ein- bzw. Auslassphase berücksichtigt. Wie in Abbildung 6.1 unten dargestellt, handelt es sich bei dem verwendeten Rechen-

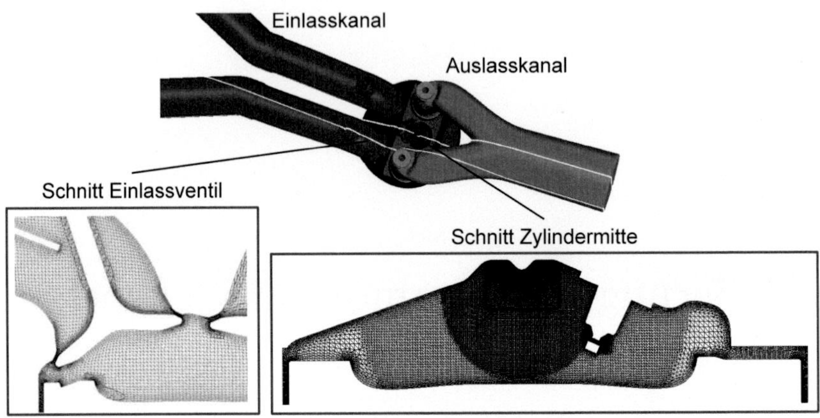

Abbildung 6.1: Darstellung des gesamten Berechnungsgebietes (oben) und Schnittdarstellung des Rechengitters in Einlassventilachse (links) sowie in Zylindermitte (rechts) zum Zeitpunkt 370 °KW v. ZOT

netz um ein unstrukturiertes, im Wesentlichen aus Hexaedern bestehendes, bewegtes Rechengitter. Die Netzbewegung wird, basierend auf den Kolben- und Ventilhubkurven, durch Stauchung bzw. Streckung der einzelnen Rechenzellen bis zur Unterschreitung der definierten Qualitätskriterien, wie z. B. den Seitenverhältnissen und den Zellwinkeln, realisiert. Anschließend wird ein neues Rechennetz erstellt, auf welches die vorherigen Berechnungsergebnisse interpoliert werden. Um die relevanten Strömungsdetails bei akzeptabler Rechenzeit auflösen zu können, werden, wie in Abb. 6.1 unten dargestellt, die verschiedenen Netzbereiche mit unterschiedlichen Zellgrößen aufgelöst. So wird in den wandnahen Bereichen, den Ventilspalten sowie insbesondere im Bereich um die Einspritzdüse eine deutliche feinere Diskretisierung verwendet. Basierend auf den in den Kapiteln 4 und 5 vorgestellten Untersuchungen zur Spray- und Spray-Wand-Interaktionsmodellierung wurde die Gitterweite im düsennahen Bereich bis auf ca. 30 μm verfeinert. Eine weitere Besonderheit des hier verwendeten Einzylinder-Forschungsmotors ist die aus Abb. 6.1 links ersichtliche Unterteilung des Einlasskanals mittels eines Trennbleches. Unter Verwendung der hier nicht dargestellten Tumbleklappen kann eine Kanalhälfte verschlossen und damit eine deutlich ausgeprägtere tumble-förmige Ladungsbewegung erzielt werden. In Voruntersuchungen konnte gezeigt werden, dass durch Verschließen der oberen Kanalhälfte ein verhältnismäßig hohes Tumble-Niveau und damit eine geringere Verbrennungsdauer erzielt werden kann. Aus diesem Grund wurde in den hier vorgestellten Untersuchungen stets die obere Kanalhälfte verschlossen.

Zur Validierung der gesamten Modellkette unter motorischen Randbedingungen wurden vier Teillast-Betriebspunkte betrachtet. Wie aus Tabelle 6.1 ersichtlich, unterscheiden sich diese im Wesentlichen hinsichtlich des gewählten Einspritzbeginns sowie des verwendeten Raildrucks.

Tabelle 6.1: Untersuchte Betriebspunkte des Einzylinder-Forschungsmotors

BP	Drehzahl n [min^{-1}]	Indizierter Mitteldruck pmi [bar]	Einspritzbeginn SOI [°KW v. ZOT]	Kraftstoffmasse m_{Kr} [mg]	Raildruck p_{Rail} [bar]	Zündzeitpunkt ZZP [°KW v. ZOT]
1	2000	5	360	14.8	200	8
2	2000	5	330	14.4	200	10
3	2000	5	300	14.0	200	15
4	2000	5	360	14.8	50	6

Die Ventilbewegung in der 3D-Ladungswechselberechnung wurde entsprechend den in Abb. 6.2 links dargestellten Ventilhubkurven ausgeführt. Als Randbedingung wurden an Ein- und Auslass der aus einer 1D-Simulation berechnete und anhand der entsprechenden Daten der Niederdruckindizierung abgeglichene instationäre statische Druck (siehe Abb. 6.2 rechts) sowie die Temperatur vorgegeben. Abbildung 6.2 rechts zeigt diese Verläufe beispielhaft für den in Tabelle 6.1 erläuterten Betriebspunkt 1.

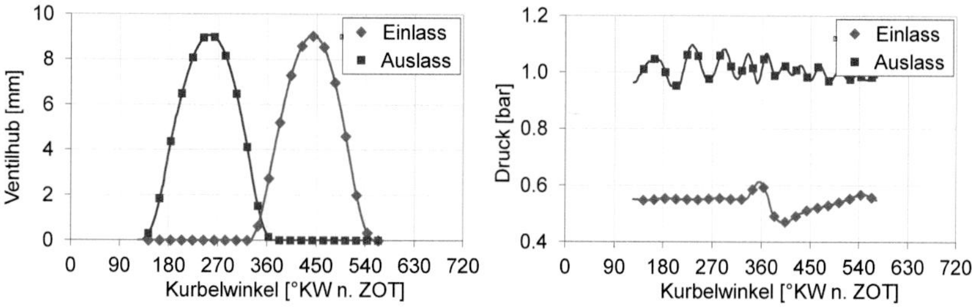

Abbildung 6.2: Ventilhubkurven der untersuchten Betriebspunkte (links) sowie die an Ein- und Auslass initialisierten Druckverläufe für Betriebspunkt 1 (rechts)

Die Einspritzung wurde entsprechend der in Abschnitt 4.1 erläuterten Vorgehensweise unter Berücksichtigung der jeweiligen Injektorinnenströmung modelliert. Als Kraftstoff wurde der in Abschnitt 5.4.1 definierte Mehrkomponentenkraftstoff verwendet.

6.2 Druck- und Brennverläufe

Zur Bewertung der Ergebnisse der 3D-Simulation wird in diesem Fall sowohl auf die Druckindizier- und Abgasmessungen als auch auf die optischen Messungen sowie die Oberflächentemperaturmessungen zurückgegriffen. Da die Analyse des Ladungswechsels zwar nicht im Fokus der hier durchgeführten Untersuchungen steht, dieser aber die Voraussetzung für die anschließende Berechnung der Gemischbildung und Verbrennung bildet, soll im Folgenden beispielhaft auf die Einlassströmung des Betriebspunktes 3 aus Tabelle 6.1 eingegangen werden. Der in Abbildung 6.3 dargestellte Vergleich des über den Brennraum gemittelten Druckverlaufs aus der Simulation mit dem des Experiments zeigt eine gute Übereinstimmung. Lediglich während der Ventilüberschneidungsphase und damit zu Beginn der Einlassphase ergeben sich kurzzeitig geringe Unterschiede. Bei Einspritzbeginn stimmen dann jedoch gemessener und berechneter Druckverlauf wieder sehr gut überein. Anhand der in Abbildung 6.3 dargestellten Tumble-Zahl ist die ausgeprägte tumble-förmige Ladungsbewegung während der Einlassphase zu erkennen.

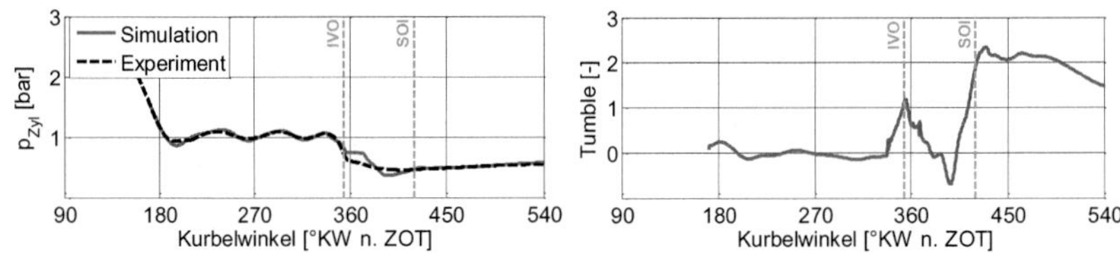

Abbildung 6.3: Zylinderdruckverläufe aus Experiment und Simulation (links) sowie der Verlauf der Tumble-Zahl (rechts) während Aus- und Einlassphase des Betriebspunktes 3

Die Tumble-Zahl stellt das Verhältnis des Drehimpulses der Ladungsbewegung im Brennraum bezogen auf den Drehimpuls eines sich mit der Motordrehzahl drehenden fiktiven Festkörpers, welcher die der realen Ladung entsprechende Dichteverteilung besitzt, dar. Der zur Ermittlung des Drehimpulses verwendete Bezugspunkt ist dabei der Massenschwerpunkt der Zylinderladung. Die Tumble-Zahl wird somit entsprechend der folgenden Beziehung bestimmt:

$$Tumble = \frac{\int\limits_V \rho \left((y - y_{MSP})\, w - (z - z_{MSP})\, v \right) dV}{2\pi n \int\limits_V \rho \left((y - y_{MSP})^2 + (z - z_{MSP})^2 \right) dV} \,. \tag{6.1}$$

Dabei sind y, z Ortskoordinaten der jeweiligen Zelle, v, w die zugehörigen Geschwindigkeitskomponenten und y_{MSP}, z_{MSP} die Ortskoordinaten des Massenschwerpunktes der Zylinderladung.

Insbesondere im Bereich des maximal geöffneten Einlassventils nimmt die Tumble-Zahl stark zu, was, wie aus Abb. 6.4 ersichtlich, auf das in Abschnitt 6.1 angesprochene Verschließen der mittels eines Trennblechs unterteilten oberen Einlasskanalhälfte zurückzuführen ist. Dadurch löst die Strömung durch die untere Einlasskanalhälfte an der Kante im Bereich des Ventilsitzes ab und strömt im weiteren Verlauf über den Ventilteller in den Brennraum. Durch Interaktion mit der Kolbenmulde ergibt sich dann die aus Abb. 6.4 links ersichtliche Tumble-Strömung mit einer Drehrichtung entgegen dem Uhrzeigersinn, welche auch im weiteren Verlauf der Expansion erhalten bleibt (vgl. Abb. 6.4 rechts). In der folgenden, hier nicht dargestellten Kompressionsphase zerfällt die großskalige Tumble-Strömung und erzeugt turbulente kinetische Energie, welche dann die turbulente Flammenausbreitung beschleunigt und zu einer Verkürzung der Verbrennungsdauer führt.

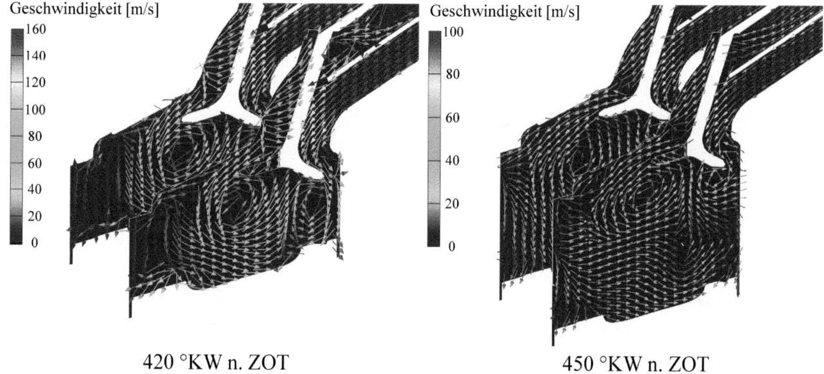

Abbildung 6.4: Vektorfeld der Geschwindigkeit im Schnitt durch die beiden Ventilachsen zu den Zeitpunkten 420 °KW v. ZOT (links) und 450 °KW v. ZOT (rechts)

Basierend auf der Druckindizierung kann durch die thermodynamische Analyse (Druckverlaufsanalyse) der Brennverlauf bestimmt werden, welcher die zeitliche Energiefreisetzung im Brennraum beschreibt. Zur Validierung der Simulation während der Kompression und der anschließenden Verbrennung werden aus diesem Grund sowohl Zylinderdruckverläufe als auch Brennverläufe verwendet. Um hier jedoch eine möglichst gute Vergleichbarkeit zu erreichen, wurden die Brennverläufe aus Experiment und Simulation aus einer Druckverlaufsanalyse ermittelt, welche stets mit dem gleichen Analysetool durchgeführt wurde. Wie in den Abschnitten 2.6.4 und 3.3.4 angesprochen, ergeben sich sowohl durch die oben erläuterte Einlassströmung als auch durch die Zündung und die frühe Phase der Verbrennung deutliche Abweichungen der Einzelzyklen vom mittleren Zyklus, die sogenannten Zyklenschwankungen. Diese können, wie in Abschnitt 2.6.4 erläutert, mittels der hier durchgeführten RANS-Simulationen nicht wiedergegeben werden. Aus diesem Grund ist in den nachfolgend dargestellten Druckverläufen zusätzlich die Hüllkurve der experimentellen Druckverläufe angegeben. Als Mindestanforderung für die RANS-Berechnungen muss somit der berechnete Druckverlauf innerhalb dieser Hüllkurve liegen. Abbildung 6.5 zeigt die berechneten Zylinderdruckverläufe des Hochdruckzyklus der vier betrachteten Betriebspunkte im Vergleich zu den entsprechenden gemessenen Verläufen. Weiterhin ist in Abb. 6.5 das Integral des berechneten sowie des gemessenen Brennverlaufs, der sogenannte Summenbrennverlauf, für die vier Betriebspunkte dargestellt. Hierbei ist zu erwähnen, dass sämtliche Betriebspunkte mit einem konstant gehaltenen Modellparametersatz des in Abschnitt 2.6.2 beschriebenen ECFM-Verbrennungsmodells berechnet wurden. Insgesamt betrachtet kann hier eine gute Übereinstimmung der Druck- und Summenbrennverläufe zwischen Simulation und Messung festgestellt werden. Lediglich bei frühem Einspritzbeginn (vgl. Betriebspunkte 1 und 4 in Abbildung 6.5) ergeben sich geringe Abweichungen, insbesondere im Bereich des Brennbeginns. Dies zeigt sich auch aus dem in Tabelle 6.2 dargestellten Vergleich der charakteristischen Verbrennungsgrößen wie indizierter Mitteldruck p_{mi}, Spitzendruck p_{max}, Verbrennungsbeginn MFB_5 und Verbrennungsschwerpunkt MFB_{50}. Aus Tabelle 6.2 ist ersichtlich, dass in den Messungen mit frühem Einspritzbeginn (BP 1 und 4) ein verhältnismäßig später Verbrennungsschwerpunkt eingestellt wurde. Bei diesen Betriebspunkten wurde, wie in Tabelle 6.1 erläutert, ein deutlich späterer Zündzeitpunkt gewählt, um die aus den in Abb. 6.5 oben (BP 1) und unten (BP 4) dargestellten maximalen Druckverläufen ansatzweise erkennbare einsetzende klopfende Verbrennung zu vermeiden. Die hier beobachtete sehr hohe Klopfneigung ist durch die verhältnismäßig geringe Oktanzahl von ca. $ROZ = 50$ des verwendeten Mehrkomponentenkraftstoffs bedingt, insbesondere jedoch durch die sehr niedrige Oktanzahl des darin enthaltenen n-Dekans ($ROZ = -41$ [135]). Bei frühem Einspritzbeginn wird ein großer Anteil der eingespritzten Kraftstoffmasse an der Kolbenoberfläche abgelagert. Der darin enthaltene n-Dekan-Anteil verdunstet deutlich verzögert. Dies resultiert im weiteren Verlauf in einer kraftstoffreichen Gemischwolke mit einem vermutlich entsprechend hohen n-Dekan-Anteil im Bereich des Kolbens, welche dann zu dem in Abb. 6.5 dargestellten frühen Verbrennungsbeginn und der teilweise klopfenden Verbrennung bei frühem Einspritzbeginn führt. Wie in den Abschnitten 2.4.3 und 2.5.3 erläutert, wird jedoch zur Berechnung der Verbrennung lediglich ein einkomponentiger Ersatzkraftstoff verwendet. Damit kann der hier erläuterte Effekt aufgrund der gewählten Modellierung nicht abgebildet werden, was wiederum zu den aus Tabelle 6.2 (BP 1 und 4) ersichtlichen Abweichungen im Verbrennungsbeginn MFB_5 zwischen Experiment und Simulation führt. Insgesamt kann aber anhand der in Tabelle 6.2 dargestellten Abweichungen zwischen Experiment und Berechnung festgehalten werden, dass die charakteristischen Verbrennungsgrößen der vier betrachteten Betriebspunkte in der Simulation gut vorhergesagt werden. An dieser Stelle ist anzumerken, dass diese gute Vorhersagefähigkeit nur mittels dem konstant gehaltenem Modellparametersatz des

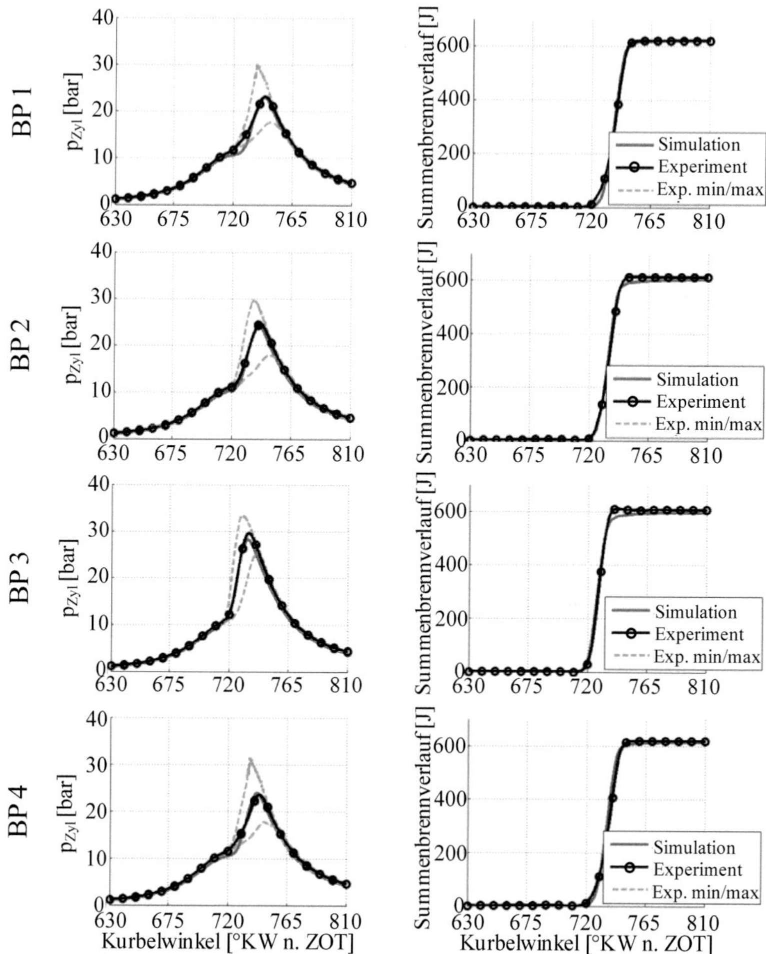

Abbildung 6.5: Gegenüberstellung der Zylinderdruck- und Summenbrennverläufe aus Experiment und Simulation für die vier betrachteten Betriebspunkte (vgl. Tabelle 6.1)

ECFM-Verbrennungsmodells möglich ist. Werden diese, wie häufig zur Anpassung des gerechneten Druckverlaufs betriebspunktabhängig oder gar zeitschrittabhängig modifiziert, ist die Möglichkeit zur Vorausberechnung nicht mehr gegeben.

Tabelle 6.2: Gegenüberstellung der charakteristischen Verbrennungsgrößen aus Experiment und Simulation der vier betrachteten Betriebspunkte

	BP 1			BP 2		
	Exp.	CFD	Abweichung	Exp.	CFD	Abweichung
p_{mi} [bar]	5.0	4.8	-4.0%	5.0	4.6	-8.0%
p_{max} [bar]	23.1	23.0	-0.4%	24.7	24.3	-1.6%
MFB_5 [°KW n. ZOT]	3.5	7.3	+3.8 °KW	4.5	4.9	+0.4 °KW
MFB_{50} [°KW n. ZOT]	18.0	17.4	-0.6 °KW	15.4	14.4	-1.0 °KW
	BP 3			**BP 4**		
	Exp.	CFD	Abweichung	Exp.	CFD	Abweichung
p_{mi} [bar]	5.0	4.6	-8.0%	5.0	4.8	-4.0%
p_{max} [bar]	29.7	28.3	-4.7%	23.6	24.0	+1.7%
MFB_5 [°KW n. ZOT]	0.3	-0.8	-1.1 °KW	3.8	6.1	+2.3 °KW
MFB_{50} [°KW n. ZOT]	8.5	7.7	-0.8 °KW	17.5	15.8	-1.7 °KW

Die hier anhand des Druck- und Brennverlaufs (vgl. Abb. 6.5) sowie der charakteristischen Verbrennungsgrößen (vgl. Tab. 6.2) gezeigte gute Übereinstimmung des globalen thermodynamischen Verhaltens zwischen Simulation und Experiment ist eine wichtige Voraussetzung zur Prognose der Partikelemissionen mittels der numerischen Simulation. Wie in Kapitel 1 beschrieben, ist insbesondere die Benetzung der Brennraumwände mit flüssigem Kraftstoff eine der wesentlichen Ursachen für Partikelemissionen in homogen betriebenen Ottomotoren mit Direkteinspritzung. Im Rahmen der in Abschnitt 5.4.3 dargestellten Grundsatzuntersuchungen konnte gezeigt werden, dass unter anderem die Temperaturabsenkung aufgrund der Spraykühlung einen deutlichen Einfluss auf die berechnete Wandfilmmasse hat. Des Weiteren ist den in Abschnitt 3.3.4 erläuterten Oberflächentemperaturmessungen zu entnehmen, dass die Spraykühlung auch unter motorischen Randbedingungen eine wichtige Rolle spielt. Aus diesem Grund wurde der in Abschnitt 3.4.4 erläuterte Ansatz zur Modellierung der Wärmeleitung in dünnen Wänden, welcher die Berücksichtigung der Temperaturabsenkung aufgrund der Spraykühlung ermöglicht, auch in den hier gezeigten motorischen Untersuchungen angewandt. Im folgenden Abschnitt soll dieser anhand der entsprechenden Oberflächentemperaturmessungen validiert und der wesentliche Mehrwert aus der Kombination von Simulation und Experiment, nämlich die detaillierte Analyse der ablaufenden Vorgänge dargestellt werden.

6.3 Oberflächentemperaturverläufe

Zur Validierung des in Abschnitt 3.4.4 erläuterten Ansatzes zur Modellierung der Wärmeleitung in dünnen Wänden in den hier gezeigten motorischen Untersuchungen wurden zur besseren Vergleichbarkeit die ebenfalls mit dem in Abschnitt 5.4.1 definierten Mehrkomponentenkraftstoff durchgeführten experimentellen Untersuchungen herangezogen. Zunächst soll anhand der in Abbildung 6.6 dargestellten Oberflächentemperaturverläufe aus Experiment und Simulation der Einfluss des Einspritzbeginns erläutert werden.

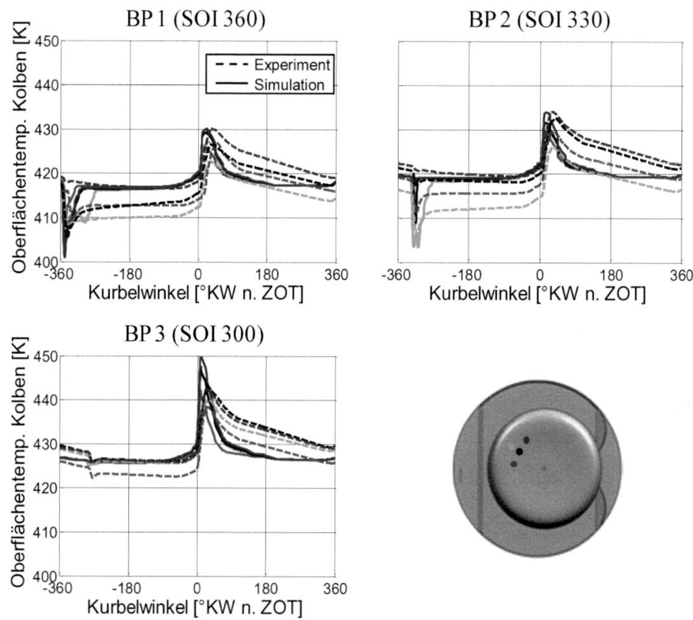

Abbildung 6.6: Gegenüberstellung der Oberflächentemperaturverläufe aus Experiment und Simulation für eine Variation des Einspritzbeginns (Betriebspunkte 1, 2, 3, vgl. Tabelle 6.1)

Wie aus Abb. 6.6 ersichtlich, nimmt der Einfluss der Spraykühlung mit späterem Einspritzbeginn ab, wodurch das mittlere Niveau der Oberflächentemperatur ansteigt. Diese Effekte können auch in der Simulation gut abgebildet werden. Lediglich die aus der Messung erkennbaren leicht unterschiedlichen Temperaturniveaus der einzelnen Thermoelemente werden in der Simulation nicht berücksichtigt. Dies ist im Wesentlichen durch die bei der Modellierung der Wärmeleitung im Kolben gemachten Vereinfachungen bedingt. So muss, wie in Abschnitt 2.5.4 erläutert, an der Unterseite der berechneten virtuellen Wand in einer bestimmten Wandtiefe eine entsprechende thermische Randbedingung vorgegeben werden. Untersuchungen von Bargende [111] hatten gezeigt, dass die Dämpfung der Temperaturschwingung so groß ist, dass bereits in einer Wandtiefe von ca. 4 – 5 mm ein stationäres Temperaturfeld vorliegt. Dementsprechend wurde in den hier gezeigten Berechnungen eine konstante Kolbentemperatur in einer Wandtiefe von 4 mm vorgegeben. Damit können jedoch insbesondere der in Abschnitt 3.3.4 erläuterte Einfluss der Kolbenkühlung und die sich daraus ergebenden leicht unterschiedlichen Temperaturniveaus der einzelnen Thermoelemente in der Simulation nicht berücksichtigt werden. Trotz dieser Vereinfachungen kann der aus Abb. 6.6 sichtbare Einfluss des Einspritzbeginns, die Reduktion der Temperaturabsenkung aufgrund der Spraykühlung mit späterem Einspritzbeginn, sowie der Temperaturanstieg durch die Verbrennung in der Simulation gut reproduziert werden. Dies zeigt sich auch in dem in Abb. 6.7 dargestellten Vergleich der an dem grün (links) und schwarz (rechts) markierten Thermoelement gemessenen maximalen Temperaturabsenkung der drei Betriebspunkte eins, zwei und drei.

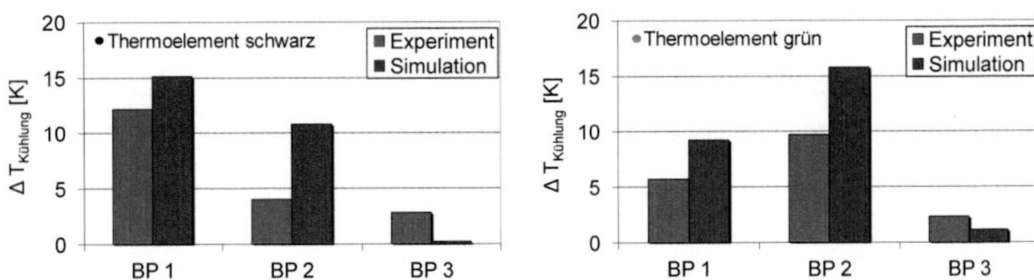

Abbildung 6.7: Einfluss des Einspritzbeginns auf die maximale Temperaturabsenkung der Betriebspunkte 1, 2 und 3, gemessen am schwarz (links) und grün (rechts) gekennzeichneten Thermoelement

Wie aus Abb. 6.7 rechts zu erkennen ist, nimmt die maximale Temperaturabsenkung an dem grünen Thermoelement ausgehend von dem frühen Einspritzbeginn des Betriebspunktes 1 (SOI = 360 °KW n. ZOT) zunächst mit späterem Einspritzbeginn zu. Nachdem bei Betriebspunkt 2 (SOI = 330 °KW n. ZOT) dann die größte maximale Temperaturabsenkung erreicht ist, nimmt diese mit späterem Einspritzbeginn (Betriebspunkt 3, SOI = 300 °KW n. ZOT) wieder ab. Die an dem in schwarz gekennzeichneten Thermoelement ermittelte und in Abb. 6.7 links dargestellte maximale Temperaturabsenkung zeigt jedoch ein anderes Verhalten. Diese nimmt hier sowohl in der Messung als auch in der Simulation mit späterem Einspritzbeginn sukzessive ab. In den in Abschnitt 3.3.4 gezeigten experimentellen Untersuchungen wurde versucht, dieses Verhalten anhand der unterschiedlichen Auftreffbereiche des Einspritzstrahls auf dem Kolben zu erläutern. In Kombination mit der Simulation kann diese Erklärung, wie aus Abbildung 6.8 ersichtlich, nun bestätigt werden. Abb. 6.8 zeigt anhand einer isoparametrischen Fläche mit einer

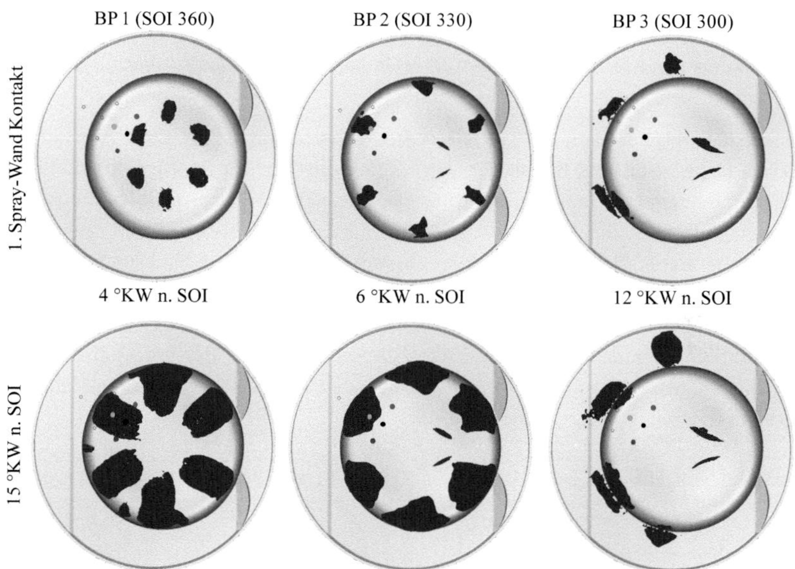

Abbildung 6.8: Darstellung der primären Sprayauftreffbereiche auf dem Kolben (oben) sowie der Wandbenetzung 15 °KW n. SOI (unten) für eine Variation des Einspritzbeginns (Betriebspunkte 1, 2 und 3) anhand einer isoparametrischen Fläche mit einer Wandfilmdicke von 2 μm

Wandfilmdicke von 2 μm die Wandfilmbereiche der drei Betriebspunkte zum Zeitpunkt des jeweils ersten Spray-Wand-Kontaktes (oben) sowie 15°KW nach Einspritzbeginn (unten). Hierbei ist zu erkennen, dass die primäre Wandbenetzung bei dem frühen Einspritzbeginn (BP 1) vor dem inneren, schwarz gekennzeichneten Thermoelement stattfindet und erst im weiteren Verlauf das äußere, grün gekennzeichnete Thermoelement benetzt wird. Dahingegen wird bei dem bei Betriebspunkt 2 gewählten Einspritzbeginn direkt das grün gekennzeichnete Thermoelement benetzt, der primäre Auftreffbereich liegt außerhalb des schwarz gekennzeichneten Thermoelements. Dies erklärt wiederum die in Abb. 6.7 (rechts) dargestellte Zunahme der maximalen Temperaturabsenkung an dem grün gekennzeichneten Thermoelement bei diesem Betriebspunkt, wohingegen die maximalen Temperaturabsenkung an dem in schwarz gekennzeichneten Thermoelement mit späterem Einspritzbeginn abnimmt. Bei dem nochmals späteren Einspritzbeginn des Betriebspunktes 3 werden zum einen, wie aus Abb. 6.8 (rechts) ersichtlich, die inneren Thermoelemente nicht mehr direkt benetzt, zum anderen nimmt gleichzeitig auch der Abstand zwischen Injektor und Kolben weiter zu. Dementsprechend reicht die Eindringtiefe der Einspritzstrahlen bei späterem Einspritzbeginn nicht mehr aus, um die Oberfläche intensiv zu benetzen, was wiederum in der aus Abb.6.7 ersichtlichen geringen max. Temperaturabsenkung bei diesem Betriebspunkt resultiert.

Abbildung 6.9 zeigt anhand der Oberflächentemperaturverläufe der Betriebspunkte 1 und 4 aus Experiment und Simulation den Einfluss des Raildrucks. Auch hier können sowohl die Temperaturabsenkung aufgrund der Spraykühlung als auch der durch die Verbrennung erzeugte Temperaturanstieg in der Simulation zufriedenstellend abgebildet werden, unter Berücksichtigung der oben angesprochenen Vereinfachungen – bedingt durch die Randbedingungen der gewählten Modellierung. Insgesamt kann sowohl aus den experimentellen als auch aus den berechneten Verläufen bei Verringerung des Raildrucks eine Reduktion der maximalen Temperaturabsenkung aufgrund der Spraykühlung bei einer gleichzeitigen Erhöhung der Verzugszeit zwischen Einspritzbeginn und maximaler Temperaturabsenkung festgestellt werden.

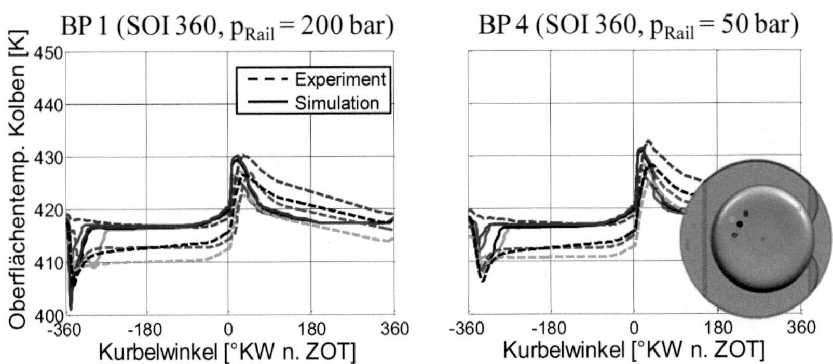

Abbildung 6.9: Gegenüberstellung der Oberflächentemperaturverläufe aus Experiment und Simulation für eine Raildruckvariation (Betriebspunkte 1 und 4, vgl. Tabelle 6.1)

Um diese Effekte zu verdeutlichen, sind in Abbildung 6.10 die maximalen Temperaturabsenkungen sowie die Verzugszeiten für die Betriebspunkte 1 und 4 dargestellt, jeweils ausgewertet am schwarz markierten Thermoelement. Auch hier ist die geringere maximale Temperaturabsenkung bei Reduktion des Raildrucks von $p_{Rail} = 200\,\text{bar}$ (BP 1) auf $p_{Rail} = 50\,\text{bar}$ (BP 4) deutlich zu erkennen. Das Zusammenspiel der Simulation mit dem Experiment bietet hier wiederum die Möglichkeit, die ablaufenden Phänomene detaillierter zu analysieren. So kann, wie aus den in Abb. 6.11 anhand einer isoparametrischen Fläche mit einer Wandfilmdicke von $2\,\mu$m gezeigten Wandfilmbereichen der beiden Betriebspunkte ersichtlich, eine Verschiebung der primären Sprayauftreffbereiche nach innen bei Reduktion des Raildrucks gezeigt werden (siehe auch Kapitel 5.2). Dies wiederum hat zur Folge, dass

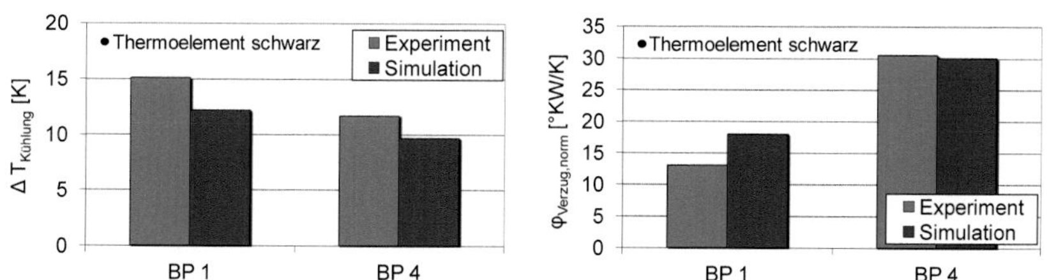

Abbildung 6.10: Einfluss des Raildrucks auf die maximale Temperaturabsenkung (links) und die Verzugszeit zwischen Einspritzbeginn und maximaler Temperaturabsenkung (rechts) der Betriebspunkte 1 und vier, gemessen am schwarz gekennzeichneten Thermoelement

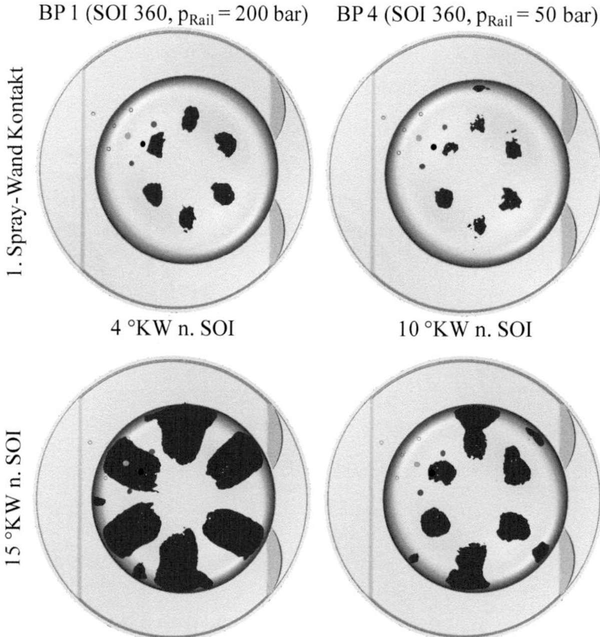

Abbildung 6.11: Darstellung der primären Sprayauftreffbereiche auf dem Kolben (oben) sowie der Wandbenetzung 15 °KW n. SOI (unten) für eine Raildruckvariation (Betriebspunkte 1 und 4) anhand einer isoparametrischen Fläche mit einer Wandfilmdicke von 2 μm

bei niedrigerem Raildruck das innere schwarz gekennzeichnete Thermoelement geringer benetzt wird, was dann in der aus Abb. 6.10 (links) ersichtlichen geringeren maximalen Temperaturabsenkung resultiert. Des Weiteren nimmt aufgrund der aus Abb. 6.10 (rechts) ersichtlichen Zunahme der Verzugszeit mit geringerem Raildruck der Abstand zwischen Injektor und Kolben zu. In den in Abschnitt 5.3 dargestellten Grundlagenuntersuchungen zur Spray-Wand-Interaktion konnte gezeigt werden, dass dies, bedingt durch eine geringere Tropfenbeaufschlagungsdichte und einen geringeren Tropfenimpuls, zu einer geringeren Temperaturabsenkung direkt im Strahlauftreffbereich führt. Weiterhin konnte gezeigt werden, dass die angesprochene Reduktion des Tropfenimpulses mit geringerem Raildruck zu der aus Abb. 6.11 ersichtlichen verringerten Ausbreitung des Kraftstoffs in wandtangentialer Richtung und damit zu einer Verkleinerung der Wandfilmfläche führt. Außerdem nimmt, bedingt durch den verringerten Luft-Entrainment-Massenstrom in das Spray, mit geringerem Raildruck die Verdunstungsrate ab (vgl. Abschnitt 5.2, Abb. 5.6), und es gelangt ein größerer Teil der eingespritzten Kraftstoffmasse auf die Kolbenoberfläche. Wie aus Abb. 6.12 (links) ersichtlich, resultiert dies in einer geringfügigen Zunahme der Wandfilmmasse und damit aufgrund der geringeren Wandfilmfläche in einer größeren mittleren Wandfilmdicke bei niedrigerem Raildruck.

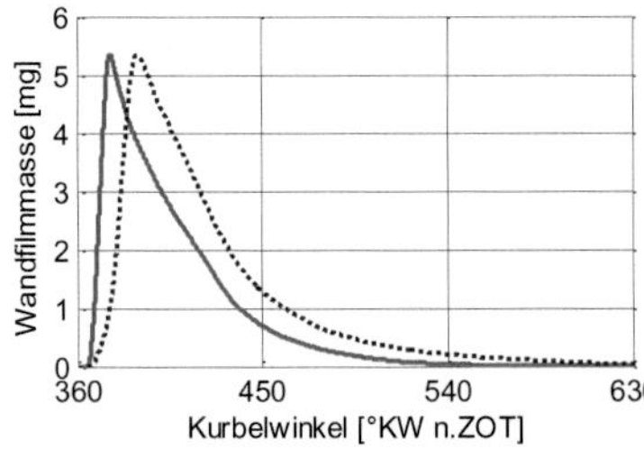

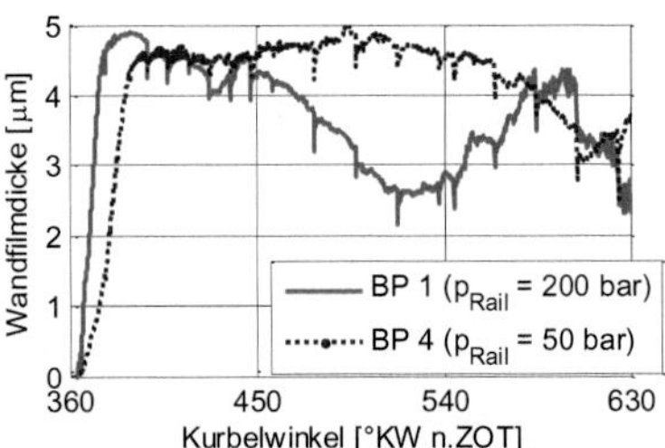

Abbildung 6.12: Einfluss des Raildrucks auf die abgelagerte Wandfilmmasse und die mittlere Wandfilmdicke

Bedingt durch diese aus Abb. 6.12 (rechts) ersichtliche größere mittlere Wandfilmdicke bei geringerem Raildruck verdunstet der auf dem Kolben abgelagerte Wandfilm verzögert. Wie im folgenden Abschnitt anhand der Korrelationen zwischen Gemischbildung und Rußemissionen erläutert werden soll, kann dies zu einer Zunahme der kraftstoffreichen Zonen im Bereich des Kolbens zum Zündzeitpunkt führen und damit ein Hinweis auf eine Zunahme der Rußemissionen sein.

6.4 Korrelation zwischen Gemischbildung und Rußemissionen

Eine Möglichkeit, Aussagen zu Rußemissionen mittels der numerischen Simulation zu treffen, ohne eine hinsichtlich ihrer Kalibrierung unter Umständen recht aufwändige Modellierung der Verbrennung durchführen zu müssen, ist die Korrelation der Gemischbildung zum Zündzeitpunkt mit den daraus potentiell entstehenden Rußemissionen. An dieser Stelle ist zu erwähnen, dass mittels dem hier vorgestellten Modellierungsansatz Aussagen zur Rußmasse, nicht jedoch zu Partikelanzahlen getroffen werden können. Aus diesem Grund wird im Rahmen der im folgenden dargestellten numerischen Untersuchungen von Rußemissionen gesprochen. Die Vorgehensweise zur Korrelation der Gemischbildung mit den Rußemissionen soll in diesem Abschnitt anhand der in Tabelle 6.1 aufgelisteten Betriebspunkte dargestellt werden. Dabei soll zunächst der Einfluss des Einspritzbeginns auf die Rußemissionen anhand der Betriebspunkte 1, 2 und 3 betrachtet werden. Abbildung 6.13 zeigt die aus den experimentellen Untersuchungen ermittelten Partikelanzahlkonzentrationen der drei Betriebspunkte.

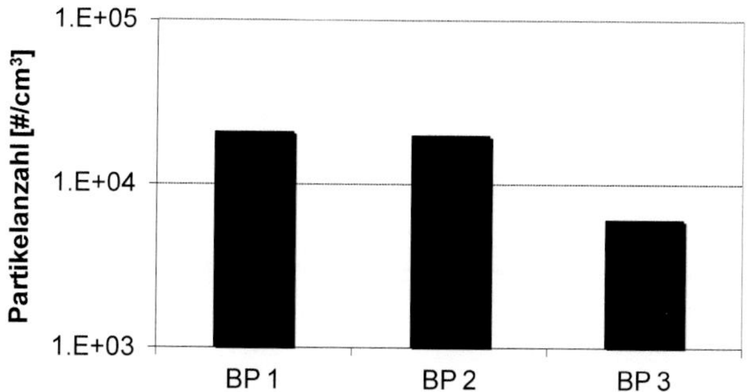

Abbildung 6.13: Einfluss des Einspritzbeginns auf die gemessenen Partikelanzahlen (Betriebspunkte 1, 2 und 3)

Dabei wird deutlich, dass die hier gemessenen Werte der Partikelanzahl unabhängig vom gewählten Einspritzbeginn auf einem sehr geringen Niveau liegen. Wie bereits in Abschnit 3.3.4 erläutert, ist dies unter anderem durch die etwas geringere Siedeendtemperatur des 3-Komponenten-Kraftstoffes im Vergleich zur Siedeendtemperatur von Super-Plus und die dadurch schnellere Wandfilmverdunstung bedingt. Ein weiterer Unterschied ist, dass der 3-Komponenten-Kraftstoff im Gegensatz zu Super-Plus aromatenfrei ist, was, wie in Kapitel 2.7 erläutert, zu einer geringeren Bildungsrate polyzyklischer aromatischer Kohlenwasserstoffe (PAK) und damit zu einer insgesamt geringeren Rußbildung führt. In den hier betrachteten stöchiometrisch betriebenen Ottomotoren mit Direkteinspritzung ist die Benetzung der Brennraumwände mit flüssigem Kraftstoff die wesentliche Ursache für Partikelemissionen. Aus diesem Grund ist die Betrachtung der an der Wand abgelagerten Kraftstoffmasse, basierend auf der im Rahmen dieser Arbeit dargestellten detaillierten Modellierung der Spray-Wand Interaktion, ein wichtiger Hinweis auf potentiell entstehende Rußemissionen. Abbildung 6.14 zeigt hierzu für die Betriebspunkte 1, 2 und 3 den zeitlichen Verlauf der auf der Kolbenoberfläche abgelagerten flüssigen Kraftstoffmasse (links), der insgesamt aus dem Wandfilm verdunsteten Kraftstoffmasse (Mitte) sowie den darin enthaltenen n-Dekan Massenanteil (rechts).

Wie bereits aus der im vorherigen Abschnitt diskutierten Abhängigkeit der Oberflächentemperaturabsenkung vom Einspritzbeginn zu erkennen, ist dabei eine deutliche Reduktion der abgelagerten Wandfilmmasse mit späterem Einspritzbeginn zu sehen. So nimmt die insgesamt aus dem Wandfilm verdunstete Kraftstoffmasse bei einer Verschiebung des Einspritzbeginns von $SOI = 360\,°\mathrm{KW\,n.\,ZOT}$ auf $SOI = 300\,°\mathrm{KW\,n.\,ZOT}$ um ca. 5 mg ab, bei einer insgesamt eingespritzten Kraftstoffmasse von ca. 15 mg. Vor dem Hintergrund des initial im Mehrkomponentenkraftstoff enthaltenen n-Dekan-Massenanteils von 20% ist weiterhin der bei allen Betriebspunkten ersichtliche hohe n-Dekan-Massenanteil von ca. 70% im Wandfilm auffällig. Ausgehend von der Einspritzung verdunstet aufgrund der hohen Siedetemperatur nur ein verhältnismäßig geringer Anteil des enthaltenen n-Dekans, was dann wiederum zu dem hier ersichtlichen hohen n-Dekan-Anteil im Wandfilm führt. Dies bestätigt die in Abschnitt 6.2 gemachte Annahme eines verhältnismäßig hohen n-Dekan-Anteils im Wandfilm, der dann, insbesondere bei frühem Einspritzbeginn und damit entsprechend großer Wandfilmmasse, aufgrund der niedrigen Oktanzahl die aus Abb. 6.5 erkennbare klopfende Verbrennung verursacht. Da, wie aus Abb. 6.14 links ersichtlich, die Wandfilmmasse in allen Betriebspunkten bereits kurz vor dem jeweiligen Zündzeitpunkt (vgl. Tabelle 6.1) vollständig verdunstet ist, kann hier nicht direkt aus dem Verlauf der an der Wand abgelagerten Kraftstoffmasse auf eventuelle kraftstoffreiche Zonen in Kolbennähe geschlossen werden, was wiederum eine direkte Korrelation mit den zu erwartenden Rußemissionen erschwert.

Aus diesem Grund sind in Abbildung 6.15 zur direkten Quantifizierung der kraftstoffreichen Zonen die Volumenanteile verschiedener Bereiche des Luft-Kraftstoffverhältnisses zum Zündzeitpunkt aufgetragen. Dabei ist bei allen drei betrachteten Betriebspunkten zu erkennen, dass ca. 99% des betrachteten Brennraumvolumens im mittleren Bereich eines stöchiometrischen Gemisches liegen. Erst bei entsprechender Skalierung des Volumenanteils mit einem Maximalwert von 5% (Abb. 6.15 rechts) sind geringfüge kraftstoffreiche Zonen zu erkennen. Die Tendenz einer Reduktion der Partikelanzahl bei späterem Einspritzbeginn kann von Betriebspunkt 1 bzw. 2 zu Betriebspunkt 3 abgebildet werden. Betrachtet man allerdings Betriebspunkt 1 und 2, so wäre aus Abb. 6.15 (rechts) eine Zunahme

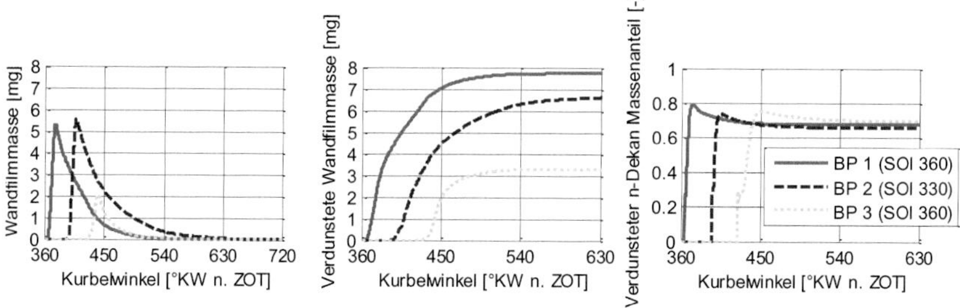

Abbildung 6.14: Einfluss des Einspritzbeginns auf den zeitlichen Verlauf der abgelagerten Wandfilmmasse (links), der verdunsteten Wandfilmmasse (Mitte) sowie des in der verdunsteten Wandfilmmasse enthaltenen n-Dekan-Massenanteils (rechts)

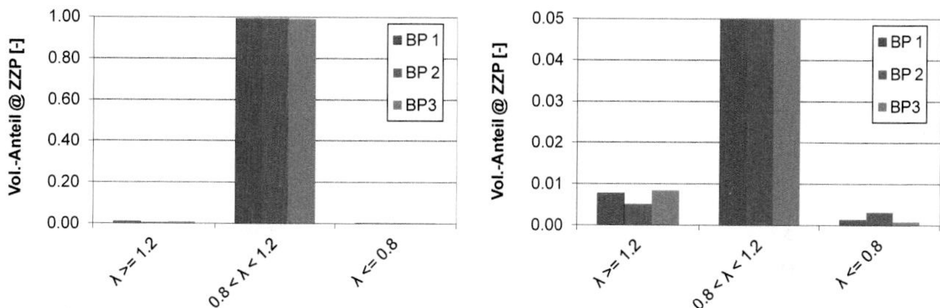

Abbildung 6.15: Einfluss des Einspritzbeginns auf die berechnete Gemischverteilung zum Zündzeitpunkt des jeweiligen Betriebspunktes

der Rußemissionen zu erwarten. Dies korreliert in diesem Fall nicht mit der bei diesen Betriebspunkten gemessenen nahezu konstanten Partikelanzahl. Allerdings ist auch hier wieder das insgesamt äußerst geringe Niveau der gemessenen Partikelanzahl zu beachten, welches Trendaussagen zu Rußemissionen aus der berechneten Gemischbildung zusätzlich erschwert.

Um den Einfluss des Raildrucks auf die Partikelanzahlemissionen näher betrachten zu können, sind in Abbildung 6.16 die gemessenen Partikelanzahlen für die beiden Betriebspunkte 1 ($p_{Rail} = 200\,\text{bar}$) und 4 ($p_{Rail} = 50\,\text{bar}$) mit jeweils frühem Einspritzbeginn aufgetragen. Hierbei ist bei Reduktion des Raildrucks ein deutlicher Anstieg der Partikelanzahl um circa eine Größenordnung zu sehen, wenngleich das Niveau der Partikelanzahl aus den oben genannten Gründen weiterhin verhältnismäßig niedrig ist. Wesentliche Ursache der deutlichen Zunahme der Partikelanzahl ist die bereits in Abschnitt 6.3 erläuterte geringere Wandfilmfläche (vgl. Abb. 6.11) bei vergleichbarer abgelagerter Wandfilmmasse

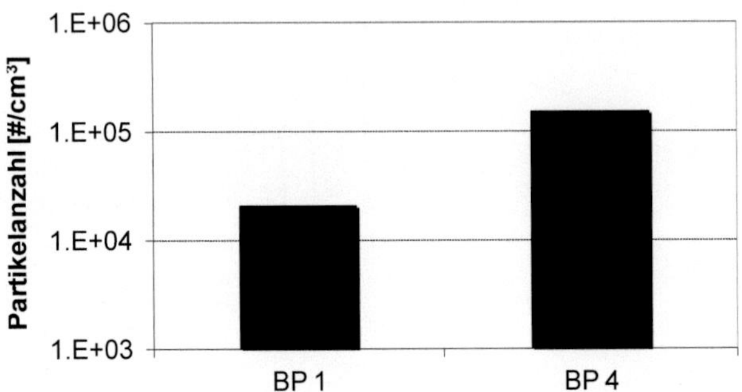

Abbildung 6.16: Einfluss des Raildrucks auf die gemessenen Partikelanzahlen (Betriebspunkte 1 und 4)

und der damit erhöhten Wandfilmdicke (vgl. Abb. 6.12). Diese führt, wie aus Abb. 6.17 links zu sehen, zu einer verzögerten Wandfilmverdunstung. Folge dieser verzögerten Wandfilmverdunstung ist, wie anhand des in Abb. 6.17 rechts dargestellten Histogramms des Luft-Kraftstoff-Verhältnisses λ zu erkennen, eine Erhöhung des Volumenanteils der kraftstoffreichen Zonen zum Zündzeitpunkt bei Reduktion des Raildrucks.

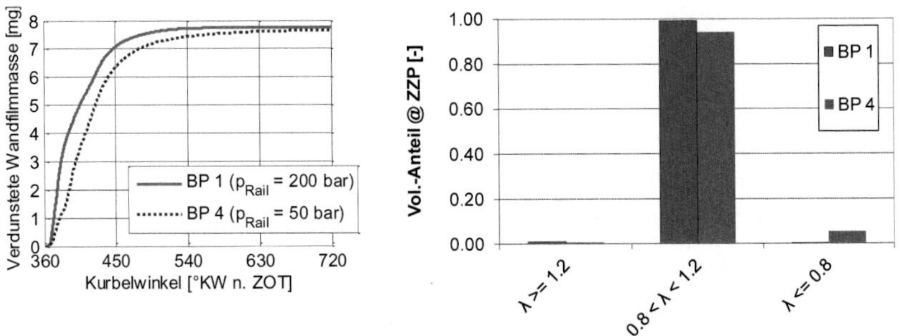

Abbildung 6.17: Einfluss des Raildrucks auf die verdunstete Wandfilmmasse (links) sowie die berechnete Gemischverteilung zum Zündzeitpunkt des jeweiligen Betriebspunktes (rechts)

Abbildung 6.18 zeigt die räumliche Ausdehnung dieser kraftstoffreichen Zonen zum Zündzeitpunkt anhand der isoparametrischen Fläche mit einem Luft-Kraftstoff-Verhältnis von $\lambda = 0.8$. Wie aus den in Abb. 6.11 dargestellten Wandfilmbereichen auf dem Kolben und der bei geringerem Raildruck verzögerten Wandfilmverdunstung aufgrund der geringeren Wandfilmausdehnung zu erwarten, liegen diese im Wesentlichen in Kolbennähe. Bei dem in Abb. 6.18 links dargestellten Betriebspunkt 1 sind dagegen nahezu keine kraftstoffreichen

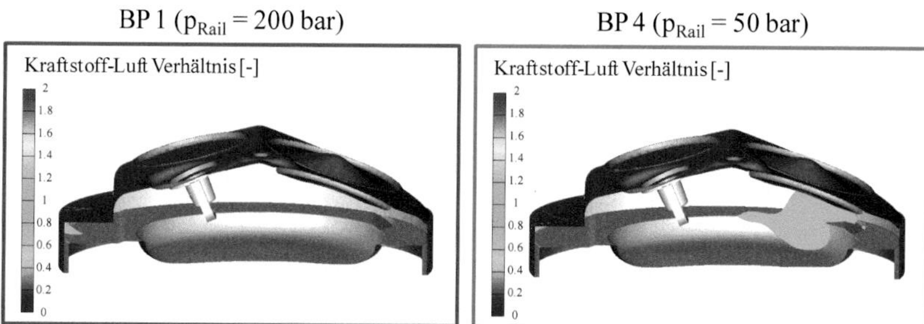

Abbildung 6.18: Einfluss des Raildrucks auf die Position kraftstoffreicher Zonen zum Zündzeitpunkt, ausgewertet an der isoparametrischen Fläche mit der Luftzahl $\lambda = 0.8$ für Betriebspunkt 1 (links) sowie Betriebspunkt 4 (rechts)

Bereiche zu erkennen. Damit kann prinzipiell eine Korrelation zwischen der Gemischbildung zum Zündzeitpunkt und den Partikelemissionen hergestellt werden. Allerdings ist, wie in Abschnitt 2.7 erläutert, neben dem kraftstoffreichen Gemisch eine ausreichend hohe Temperatur wichtige Voraussetzung zur Rußentstehung. Dieser Einflussparameter kann jedoch nur abgebildet werden, wenn über den Zündzeitpunkt hinaus auch die Zündung und Verbrennung modelliert werden. Wesentlicher Vorteil dieser erweiterten Modellierung ist die in Abbildung 6.19 gezeigte zusätzliche Information der lokalen Temperaturverteilung in Kombination mit der entsprechenden Gemischverteilung. Dargestellt ist hier für jede Zelle des Berechnungsvolumens die Temperatur sowie das Kraftstoff-Luft-Verhältnis. Zusätzlich ist über die Farbkodierung eine Information zur Volumenverteilung der jeweiligen Zonen enthalten. Die in Abbildung 6.19 eingezeichneten isoparametrischen Linien der Rußbildungsbereiche sind den Ausführungen von Kubach et al. [2] entnommen. Damit können die beiden für die Rußentstehung relevanten Parameter kombiniert in Form der in Abb. 6.19 dargestellten $\Phi - T$-Diagramme betrachtet und so detailliertere Aussagen zu potentiellen Rußquellen getroffen werden. Wie aus dem hier gezeigten Vergleich der $\Phi - T$-Diagramme der beiden Betriebspunkte 1 und 4 zum Zeitpunkt 15 °KW n. ZOT zu erkennen, liegt bei Reduzierung des Raildrucks (BP 4) ein geringer Anteil des im Brennraum vorhanden Gemischs im Rußbildungsbereich. Dahingegen liegt bei Erhöhung des Raildrucks (BP 1) ein nahezu vollständig stöchiometrisches Gemisch vor. Dies korreliert sehr gut mit der in Abb. 6.16 dargestellten gemessenen Partikelanzahl, welche einen Anstieg bei Reduktion des Raildrucks zeigt. Dennoch stellen die hier gezeigten Korrelationen zum einen nur Momentanaufnahmen dar, zum anderen wird die für die letztlich emittierte Rußmasse wichtige Rußoxidation während der Verbrennung vernachlässigt. An dieser Stelle ist zu erwähnen, dass die Rußoxidation nach der Verbrennung, die sogenannte Nachoxidation, in den hier betrachteten stöchiometrisch betriebenen Ottomotoren aufgrund des Sauerstoffmangels

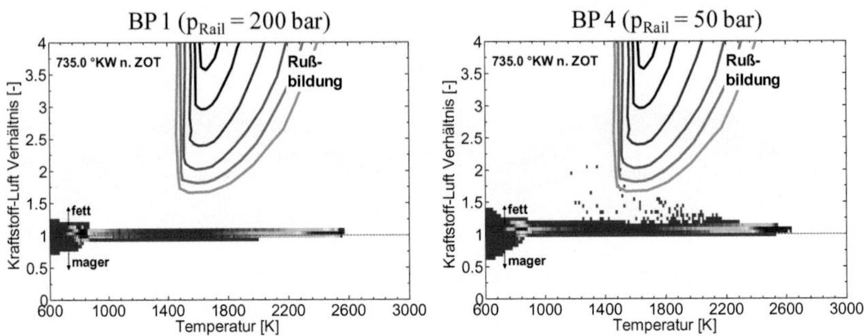

Abbildung 6.19: Φ – T-Diagramme der beiden Betriebspunkte 1 mit $p_{Rail} = 200\,\text{bar}$ (links) und 4 mit $p_{Rail} = 50\,\text{bar}$ (rechts) zum Zeitpunkt 15 °KW n. ZOT; zusätzlich gibt die Farbkodierung die Volumenanteile der jeweiligen Zone wieder

kaum eine Rolle spielt. Dennoch ist, wie aus Abb. 6.20 ersichtlich, die Rußoxidation während der Verbrennung ein wichtiger Parameter. Um diesen berücksichtigen zu können, ist allerdings eine gesonderte Modellierung der Rußbildung und -oxidation notwendig. Der damit erzielbare zusätzliche Erkenntnisgewinn soll im folgenden Abschnitt dargestellt werden.

6.5 Rußmodellierung

Die im vorigen Abschnitt erläuterten Korrelationen zwischen der Gemischbildung und den potentiell entstehenden Rußemissionen erlauben mittels der numerischen Simulation der Gemischbildung erste Aussagen zur Rußbildungsneigung der betrachteten Betriebspunkte. Um weiterhin den Einfluss der Rußoxidation berücksichtigen zu können und so Aussagen zur letztlich relevanten emittierten Rußmasse treffen zu können, sollen hier die Ergebnisse der numerischen Simulation mit einer zusätzlichen Modellierung der Rußbildung und -oxidation dargestellt werden. Diese werden im Rahmen dieser Untersuchungen mit dem in Abschnitt 2.7.1 beschriebenen detaillierten Rußmodell, basierend auf den Ansätzen nach Appel et al. [105] und Agafonov et al. [106], modelliert. Abbildung 6.20 links stellt den Einfluss des Einspritzbeginns auf den zeitlichen Verlauf der berechneten Rußemissionen bezogen auf die jeweils insgesamt eingespritzte Kraftstoffmenge dar. Hier sind zunächst abhängig vom Einspritzbeginn Unterschiede in der Rußbildung zu erkennen. So zeigt der Betriebspunkt 3 mit spätem Einspritzbeginn eine geringere Rußbildung, wohingegen die Betriebspunkte 1 und 2 mit früherem Einspritzbeginn eine vergleichbare Rußbildung zeigen. Im weiteren Verlauf bis kurz vor Öffnen der Auslassventile zeigen

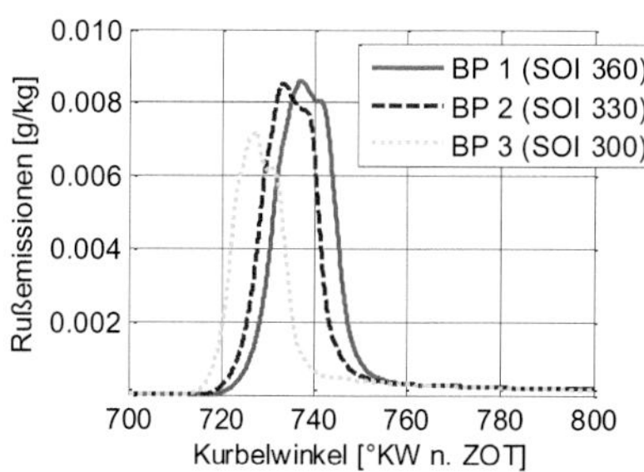

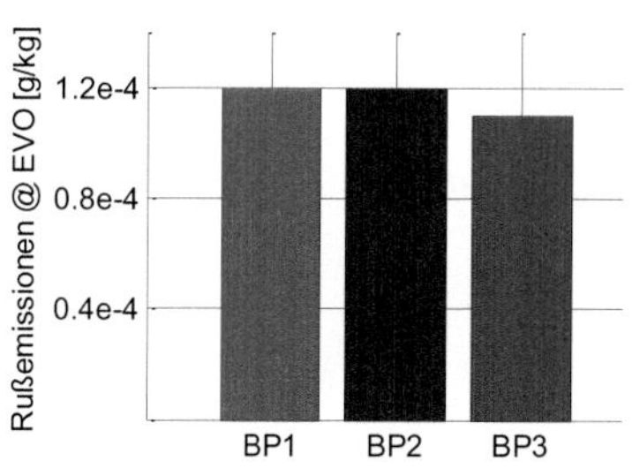

Abbildung 6.20: Einfluss des Einspritzbeginns auf den zeitlichen Verlauf der berechneten Rußemissionen (rechts) sowie auf die zum Zeitpunkt des Öffnens der Auslassventile berechneten Rußemissionen der Betriebspunkte 1, 2 und 3

sich in der Rußoxidation kaum Unterschiede zwischen den betrachteten Betriebspunkten. Die in Abbildung 6.20 rechts dargestellten Werte der Rußemissionen zum Zeitpunkt des Auslassventilöffnens zeigen dennoch geringe Unterschiede, insbesondere bei Betriebspunkt 3 mit spätem Einspritzbeginn. Die hier gezeigten Tendenzen einer vergleichbaren Rußemission zwischen Betriebspunkt 1 und 2 und einer Reduktion der Rußemission bei Betriebspunkt 3 korrelieren sehr gut mit den in Abbildung 6.13 dargestellten Tendenzen der gemessenen Partikelanzahlen. Auch hier liegen die Werte der emittierten Partikelanzahl, bedingt durch den verwendeten Mehrkomponentenkraftstoff, auf einem sehr niedrigen Niveau.

Der Einfluss des Raildrucks auf den zeitlichen Verlauf der berechneten Rußemissionen – wiederum bezogen auf die jeweils insgesamt eingespritzte Kraftstoffmenge – ist in Abb. 6.21 links dargestellt. Hier zeigen sich ebenfalls schon in der Rußbildung Unterschiede zwischen den beiden Betriebspunkten. Bei Reduktion des Raildrucks findet zu nahezu vergleichbaren Zeitpunkten eine intensivere Rußbildung statt. Nach der anschließenden, hinsichtlich des Gradienten vergleichbaren Rußoxidation zeigen sich auch hier die aus der Messung erwarteten Tendenzen. So steigt die bei Öffnen der Auslassventile emittierte und in Abbildung 6.21 rechts dargestellte Rußmasse bei Reduktion des Raildrucks auch in der Berechnung an.

Die in diesem Kapitel erläuterten Untersuchungen zeigen somit die Möglichkeiten der numerischen Simulation zur Prognose der Partikelemissionen in Ottomotoren mit Direkteinspritzung. Die im Rahmen dieser Arbeit erarbeitete detaillierte Modellierung der Einspritzung und Spray-Wand-Interaktion vorausgesetzt, können auch in der heute standardmäßig durchgeführten Analyse der nicht reaktiven Strömung bis zum Zündzeitpunkt erste Aussagen zu potentiell entstehenden Rußemissionen getroffen werden. Wird zusätzlich die Verbrennung und die Rußbildung und -oxidation über die entsprechende Modellie-

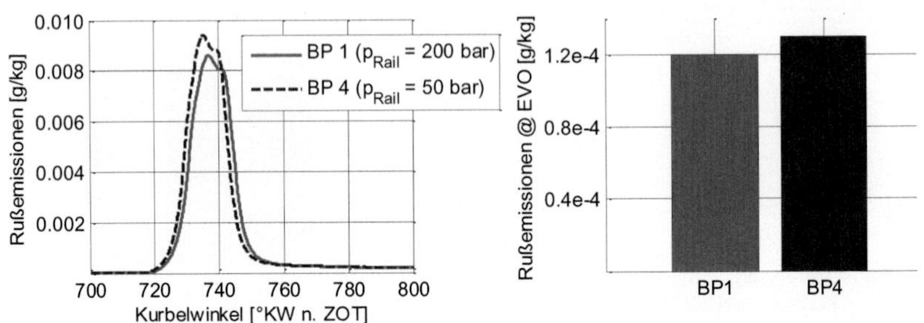

Abbildung 6.21: Einfluss des Raildrucks auf den zeitlichen Verlauf der berechneten Rußemissionen (rechts) sowie auf die zum Zeitpunkt des Öffnens der Auslassventile berechneten Rußemissionen der Betriebspunkte 1 und 4

rung berücksichtigt, können, wie hier erläutert, detailliertere qualitative Aussagen zu den emittierten Rußemissionen auch bei sehr geringem Emissionsniveau gemacht werden. Quantitative Aussagen zu den emittierten Rußemissionen sind jedoch mit der hier vorgestellten Modellierung nicht möglich. Insgesamt können somit aber nun die Auswirkungen verschiedener die Gemischbildung und Verbrennung beeinflussender Parameter wie z.B. Einspritzzeitpunkte, Einspritzdrücke oder unterschiedliche Injektorlayouts auf die Partikelemissionen bewertet werden.

Kapitel 7

Ausblick

Im Rahmen der in den vorherigen Kapiteln dargestellten Validierung des erarbeiteten Modellierungsansatzes konnten Potentiale zur weiteren Verbesserung der Prognose der Partikelemissionen mittels der numerischen Simulation gezeigt werden. Diese betreffen im Wesentlichen die Modellierung der Einspritzung und die Interaktion zwischen Spray und Wandfilm.

Die Untersuchungen zur Spraymodellierung haben gezeigt, dass unter Berücksichtigung der Injektorinnenströmung der bei der konventionellen Initialisierung unter Umständen sehr zeitaufwändige Sprayabgleich entfällt, da die zur Initialisierung benötigten Randbedingungen bereits Ergebnis der Berechnung der Injektorinnenströmung sind. Allerdings muss natürlich zusätzlich eine hinsichtlich ihres Aufwands nicht zu vernachlässigende Berechnung der Injektorinnenströmung durchgeführt werden. Wie erläutert, wurde im Rahmen dieser Arbeit auf die Modellierung des Primärzerfalls verzichtet und ein bereits zerstäubter Strahl angenommen. Die hierfür zu initialisierende Tropfengrößenverteilung muss jedoch auf entsprechend umfangreichen experimentellen Daten basieren. Hier könnte durch den Einsatz eines Primärzerfallsmodells und einer entsprechenden Validierung eine von der Verfügbarkeit experimenteller Daten unabhängige und noch detailliertere Modellierung erzielt werden.

Der deutliche Einfluss der Oberflächentemperatur und insbesondere der Temperaturabsenkung durch die Spraykühlung war eine wichtige Erkenntnis der Untersuchungen zur Spray-Wand-Interaktion. Dementsprechend wurde der verwendete Ansatz zur Modellierung der Wärmeleitung in lateraler Richtung auch in den motorischen Berechnungen angewandt. Wie hier gezeigt werden konnte, können jedoch – vermutlich im Wesentlichen bedingt durch die Diskretisierung der virtuellen Wand mit lediglich einer Zellschicht und der Vorgabe einer konstanten Wandtemperatur auf der Unterseite der virtuellen Wand – die leicht unterschiedlichen Temperaturniveaus der einzelnen Thermoelemente in der

Simulation nicht berücksichtigt werden. Eine weitere Detaillierung der Modellierung wäre daher möglicherweise durch eine feinere Diskretisierung der virtuellen Wand und eine Berücksichtigung des Einflusses der Kolbenölkühlung zu erreichen. Des Weiteren wurde, um den ottomotorischen Kraftstoff besser abbilden zu können, ein diskreter Mehrkomponentenkraftstoff definiert. Dieser beeinflusst, wie im Rahmen der Arbeit gezeigt werden konnte, die Phänomene der Spray-Wand-Interaktion deutlich. Die Stoffeigenschaften des im Wandfilm abgelagerten Kraftstoffs werden dann allerdings abhängig von der Zusammensetzung des auf die Wand treffenden Kraftstoffgemischs als mittlere Stoffeigenschaften bestimmt. Dementsprechend verdunsten die einzelnen Kraftstoffkomponenten auch mit den gleichen mittleren Stoffeigenschaften in eine Komponente der Gasphase. Das heißt, die durch eine bevorzugte Verdunstung der leichtflüchtigen Komponenten aus dem Wandfilm zu erwartende Entmischung des abgelagerten Kraftstoffs kann momentan nicht abgebildet werden. Hier könnte durch eine durchgängige mehrkomponentige Behandlung der Wandfilmdynamik, validiert anhand entsprechender experimenteller Untersuchungen zum Einfluss mehrkomponentiger Kraftstoffgemische auf die Wandfilmverdunstung, eine weitere Verbesserung der numerischen Simulation zur Prognose der Partikelemissionen in Ottomotoren mit Direkteinspritzung erreicht werden. Anhand der Untersuchungen zur Validierung der gesamten Modellkette unter motorischen Randbedingungen konnte gezeigt werden, dass die verwendete Modellierung der Zündung und Verbrennung in der Lage ist, die Druck- und Brennverläufe sowie die charakteristischen Verbrennungsgrößen der betrachteten Betriebspunkte zufriedenstellend wiederzugeben. Allerdings ist hierfür im Vorfeld zunächst ein Abgleich der Modellparameter des Zündungs- und Verbrennungsmodells an einem entsprechenden Lastpunkt notwendig. Dadurch entfällt jedoch die Möglichkeit zur Vorausberechnung von Betriebspunkten in deutlich anderen Last- bzw. Drehzahlbereichen. Diese könnte durch eine alternative, allgemeingültigere Modellierung der Zündung und Verbrennung, idealerweise unter Berücksichtigung eines entsprechenden detaillierten Reaktionsmechanismusses, erzielt werden. Die Untersuchungen zur Rußmodellierung haben weiterhin gezeigt, dass mit der im Rahmen dieser Arbeit verwendeten Modellierung qualitative Aussagen zu den entstehenden Partikelemissionen möglich sind. Würde hier neben einer detaillierteren Modellierung der Zündung und Verbrennung auch eine weiter detaillierte Modellierung der Rußentstehung und -oxidation berücksichtigt, könnte vermutlich ein weiterer Schritt hin zu einer quantitativen Prognose der Partikelemissionen in Ottomotoren mit Direkteinspritzung mittels der numerischen Simulation erreicht werden.

Literaturverzeichnis

[1] EUROPEAN PARLIAMENT: Commission Regulation (EU) No. 459/2012. (2012), Nr. 459

[2] KUBACH, H. ; MAYER, K. ; SPICHER, U.: Untersuchungen zur Realisierung einer rußarmen Verbrennung bei Benzin-Direkteinspritzung. Europäisches Forschungszentrum für Maßnahmen zur Luftreinhaltung, 2001 (FZKA-BWPLUS). – Forschungsbericht

[3] VELJI, A. ; YEOM, K. ; WAGNER, U. ; SPICHER, U. ; ROSSBACH, M. ; SUNTZ, R. ; BOCKHORN, H.: Investigations of the formation and oxidation of soot inside a direct injection spark ignition engine using advanced Laser-Techniques. *SAE Technical Paper* (2010), Nr. 2010-01-0352

[4] DUKOWICZ, J.K.: A particle-fluid numerical model for liquid sprays. *Journal of Computational Physics* 35 (1980), Nr. 2, S. 229–253

[5] FERZIGER, J.H. ; PERIC, M.: *Numerische Strömungsmechanik.* Springer, 2008

[6] LAURIEN, E. ; OERTEL, H.: *Numerische Strömungsmechanik.* Vieweg+Teubner, 2009

[7] SCHLICHTING, H. ; GERSTEN, K.: *Grenzschicht-Theorie.* Springer, 2006

[8] WARNATZ, J. ; MASS, U. ; DIBBLE, R.W.: *Combustion - Physical and Chemical Fundamentals, Modeling and Simulation, Experiments, Pollutant Formation.* Springer, 2006

[9] BOUSSINESQ, J.: *Théorie de l'écoulement tourbillonnant et tumultueux des liquides dans les lits rectilignes a grande section.* Gauthier-Villars, 1897

[10] LAUNDER, B.E. ; SPALDING, D.B.: The numerical computation of turbulent flows. *Computer Methods in Applied Mechanics and Engineering* 3 (1974), Nr. 2, S. 269–289

[11] DURBIN, P.A.: Near-Wall Turbulence Closure Modeling Without Damping Functions. *Theoretical and Compuational Fluid Dynamics* 3 (1991), S. 1–13

[12] HANJALIC, K. ; POPOVAC, M. ; HADZIABDIC, M.: A robust near-wall elliptic-relaxation eddy-viscosity turbulence model for CFD. *International Journal of Heat and Fluid Flow* 25 (2004), S. 1047–1051

[13] AVL LIST GMBH: *Fire v2011.1 User Manual.* Graz, 2012

[14] MERKER, G.P. ; SCHWARZ, C.: *Grundlagen Verbrennungsmotoren.* Vieweg+Teubner, 2009

[15] PATANKAR, S.V. ; SPALDING, D.B.: A calculation procedure for heat mass and momentum transfer in three-dimensional parabolic flows. *International Journal of Heat and Mass Transfer* 15 (1972), S. 1787–1806

[16] HIRT, C.W. ; NICHOLS, B.D.: Volume of fluid (VOF) method for the dynamics of free boundaries. *Journal of Computational Physics* 39 (1981), Nr. 1, S. 201–225

[17] ANSYS INC.: *ANSYS CFX-Solver Theory Guide, Release 13.0.* Canonsburg, PA., 2010

[18] BAUMGARTEN, C.: *Mixture Formation in Internal Combustion Engines.* Springer, 2006

[19] WILLIAMS, F.A.: Spray Combustion and Atomization. *Physics of Fluids* 1 (1958), Nr. 6, S. 541–545

[20] NOURI, J. M. ; MITROGLOU, N. ; YAN, Y. ; ARCOUMANIS, C.: Internal Flow and Cavitation in a Multi-Hole Injector for Gasoline Direct-Injection Engines. *SAE Technical Paper* (2007), Nr. 2007-01-1405

[21] YANG, S. ; RA, Y. ; REITZ, R. ; VANDERWEGE, B. ; YI, J.: Integration of a discrete multi-component fuel evaporation model with a G-equation flame propagation combustion model and ist validation. *International Journal of Engine Research* 13 (2012), Nr. 4, S. 370–384

[22] OHNESORGE, W.: Die Bildung von Tropfen an Düsen und die Auflösung flüssiger Strahlen. *Zeitschrift für Angewandte Mathematik und Mechanik* 16 (1931), Nr. 6, S. 355–358

[23] REITZ, R.D.: *Atomization and other Breakup Regimes of a Liquid Jet.* Dissertation, Princeton University, USA, 1978

[24] HERMANN, A.: *Modellbildung für die 3D-Simulation der Gemischbildung und Verbrennung in Ottomotoren mit Benzin-Direkteinspritzung.* Dissertation, Universität Karlsruhe, 2008

[25] BALEWSKI, B.: *Experimental Investigation of the Influence of Nozzle Flow Properties on the Primary Spray Breakup.* Dissertation, Technische Universität Darmstadt, 2010

[26] FISCHER, F.: *Primary Breakup Model Considering the Spray Core Development.* Dissertation, Technische Universität Darmstadt, 2011

[27] PILCH, M.A. ; ERDMAN, C.A.: Use of breakup time data and velocity history data to predict the maximum size of stable fragments for acceleration-induced breakup of a liquid drop. *International Journal of Multiphase Flow* 13 (1987), Nr. 3, S. 741–757

[28] REITZ, R.D.: Modeling Atomization Processes in High-Pressure Vaporizing Sprays. *Atomization and Spray Technology* 3 (1987), Nr. 4, S. 309–337

[29] PATTERSON, M. ; REITZ, R.: Modeling the Effects of Fuel Spray Characteristics on Diesel Engine Combustion and Emission. *SAE Technical Paper* (1998), Nr. 980131

[30] REITZ, R. ; DIWAKAR, R.: Structure of High-Pressure Fuel Sprays. *SAE Technical Paper* (1987), Nr. SAE 870598

[31] O'ROURKE, P. ; AMSDEN, A.: The TAB Method for Numerical Calculation of Spray Droplet Breakup. *SAE Technical Paper* (1987), Nr. SAE 872089

[32] REITZ, R. ; DIWAKAR, R.: Effect of Drop Breakup on Fuel Sprays. *SAE Technical Paper* (1986), Nr. SAE 860469

[33] O'ROURKE, P.J. ; BRACCO, F.V.: Modeling of Drop Interactions in Thick Sprays and a Comparison With Experiments. *Conference on Stratified Charge Automotive Engines*, 1980

[34] TSUJI, Y. ; MORIKAWA, Y. ; MIZUNO, O.: Experimental Measurement of the Magnus Force on a Rotating Sphere at Low Reynolds Numbers. *Journal of Fluids Engineering* 107 (1985), Nr. 4, S. 484–488

[35] SAFFMAN, P.G.: The lift on a small sphere in a slow shear flow. *Journal of Fluid Mechanics* 22 (1965), Nr. 2, S. 385–400

[36] HALLMANN, M.: *Numerische Beschreibung der Gemischbildung in Verbrennungskraftmaschinen.* Dissertation, Universität Karlsruhe, 1994

[37] AGGARWAL, S.K. ; PENG, F.: A review of droplet dynamics and vaporization modeling for engineering calculations. *Journal of Engineering for Gas Turbines and Power* 117 (1995), S. 453–461

[38] SCHILLER, L. ; NAUMANN, A.Z.: Über die grundlegenden Berechnungen bei der Schwerkraftaufbereitung. *Zeitschrift des VDI* 77 (1933), S. 318–320

[39] GOSMAN, A.D. ; LOANNIDES, E.: Aspects of Computer Simulation of Liquid-Fueled Combustors. *Journal of Energy* 7 (1983), Nr. 6, S. 482–490

[40] JOCHMANN, P. ; KÖPPLE, F. ; STORCH, A. ; KUFFERATH, A. ; DURST, B. ; HUSSMANN, B. ; MIKLAUTSCHITSCH, M. ; SCHÜNEMANN, E.: Minimierung der Partikelemissionen von Ottomotoren mit zentraler Direkteinspritzung durch innovative Injektortechnologien und kombinierten Einsatz von CFD und Motorversuch. *10. Internationales Symposium für Verbrennungsdiagnostik*, 2012

[41] ABRAMZON, B. ; SIRIGNANO, W. A.: Droplet Vaporization Model for Spray Combustion Calculations. *Int. Journal of Heat and Mass Transfer* 32 (1989), Nr. 9, S. 1605–1618

[42] GARTUNG, K.: *Modellierung der Verdunstung realer Kraftstoffe zur Simulation der Gemischbildung bei Benzindirekteinspritzung.* Dissertation, Universität Bayreuth, 2007

[43] BRENN, G. ; DEVIPRASATH, L.J. ; DURST, F.: Computations and Experiments on the Evaporation of Multi-Component Droplets. *International Conference on Liquid Atomization and Spray Systems (ICLASS)*, 2003

[44] FINK, C.: *A Multi-Component Evaporation Model for the 3D-CFD-Code FIRE 8-Development and Validation with Experimental Data.* Diplomarbeit, TU Graz, 2005

[45] ZIUBER, J. ; FRIEDRICH: Dokumentation des Innenströmung-Spray-Interfaces (ISI) für Sprayrechungen mit FIRE 8. Robert Bosch GmbH, 2004. – Forschungsbericht

[46] YANG, Z.: *Numerische Untersuchungen zum Einfluss der Injektorinnenströmung auf die Spraygeometrie und die anschließende Gemischbildung in Ottomotoren mit Direkteinspritzung.* Diplomarbeit, Universität Stuttgart, 2013

[47] BAI, C. ; GOSMAN, A.D.: Development of Methodology for Spray Impingement Simulation. *SAE Technical Paper* (1995), Nr. 950283

[48] KUHNKE, D.: *Spray / Wall-Interaction Modelling by Dimensionless Data Analysis.* Dissertation, Universität Darmstadt, 2004

[49] MOREIRA, A.L.N. ; MOITA, A.S. ; PANAO, M.R.: Advances and challenges in explaining fuel spray impingement: How much of single droplet impact research is useful? *Progress in Energy and Combustion Science* 36 (2010), S. 554–580

[50] RICHTER, B.: *Charakterisierung der Tropfen-Wand-Interaktion im Parameterbereich von Ottomotoren mit Direkteinspritzung.* Dissertation, Universität Karlsruhe, 2006

[51] MUNDO, C. ; SOMMERFELD, M. ; TROPEA, C.: Droplet-Wall Collisions: Experimental Studies of the Deformation and Breakup Process. *International Journal of Multiphase Flow* 21 (1995), Nr. 2, S. 151–173

[52] NABER, J.D. ; REITZ, R.D.: Modeling Engine Spray/Wall impingement. *SAE Technical Paper* (1988), Nr. 880107

[53] MUNDO, C. ; SOMMERFELD, M. ; TROPEA, C.: On the Modelling of Liquid Sprays Impinging on Surfaces. *Atomization and Sprays* 8 (1998), Nr. 6, S. 625–652

[54] SENDA, J. ; KOBAYASHI, M. ; IWASHITA, S. ; FUJIMOTO, H.: Modeling of Diesel Spray Impinging on a Flat Wall. *JSME International Journal, Series B* 39 (1996), Nr. 4, S. 859–866

[55] ASHIDA, K. ; TAKAHASHI, T. ; TANAKA, T. ; JUNG-KUK, Y. ; SENDA, J. ; FUJIMOTO, H.: Spray-Wall Interaction Model Considering Superheating Degree of the Wall Surface. *8. International Conference on Liquid Atomization and Spray Systems*, 2000

[56] EUROPEAN PROJECT DWDIE: Droplet Wall Interaction Phenomena of Relevance to DirectInjection Gasoline Engines. *Energy Project No NNE5-1999-20015 within Framework Program 5, Contract No. ENK6-CT2000-00051* (2003)

[57] BIRKHOLD, F.: *Selektive katalytische Reduktion von Stickoxiden in Kraftfahrzeugen: Untersuchung der Einspritzung von Harnstoffwasserlösung.* Dissertation, Universität Karlsruhe, 2007

[58] MANZELLO, S.L. ; YANG, J.C.: An experimental study of high Weber number impact of methoxy-nonafluorobutane C4F9OCH3 (HFE-7100) and n-heptane droplets on a heated solid surface. *International Journal of Heat and Mass Transfer* 45 (2002), S. 3961–3971

[59] TEMPLE-PEDIANI, R. W.: Fuel Drop Vaporization under Pressure on a Hot Surface. *Proceedings of the Institution of Mechanical Engineers* 184 (1970), Nr. 38, S. 677–696

[60] BOLLE, L. ; MOUREAU, J. C.: Spray Cooling of Hot Surfaces. *Multiphase Science and Technology* 1 (1982), Nr. 1, S. 1–97

[61] WRUCK, N.: *Transientes Sieden von Tropfen beim Wandaufprall.* Dissertation, Fakultät für Maschinenwesen, RWTH Aachen, 1998

[62] MEINGAST, U.: *Spray/Wand-Wechselwirkung bei der dieselmotorischen Direkteinspritzung.* Dissertation, Rheinisch-Westfälischen Technischen Hochschule Aachen, 2002

[63] WACHTERS, L.H.J. ; WESTERLING, N.A.J.: The heat transfer from a hot wall to impinging water drops in the spheroidal state. *Chemical Engineering Science* 21 (1966), Nr. 11, S. 1047–1056

[64] AKAO, F. ; ARAKI, K. ; MORI, S. ; MORIYAMA, A.: Deformation Behaviors of a Liquid Droplet Impinging onto Hot Metal Surface. *Transactions of the Iron and Steel Institute of Japan* 20 (1980), S. 737–743

[65] HOLMAN, J. P.: *Heat Transfer.* McCraw-Hill, New York, 1989

[66] CAZZOLI, G. ; FORTE, C.: Development of a Model for the Wall Film Formed by Impinging Spray Based on a Fully Explicit Integration Method. *SAE Technical Paper* (2005), Nr. 2005-24-087

[67] CAZZOLI, G. ; FORTE, C. ; VITALI, C. ; PELLONI, P. ; BIANCHI, G. M.: Modeling of wall film formed by impinging spray using a fully explicit integration method. *ASME*, 2005

[68] SILL, K. H.: *Wärme- und Stoffübergang in turbulenten Strömungsgrenzschichten längs verdunstender welliger Wasserfilme.* Dissertation, Universität Karlsruhe, 1982

[69] HIMMELSBACH, J.: *Zweiphasenströmung mit schubspannungsgetriebenen welligen Flüssigkeitsfilmen in turbulenter Heißgasströmung-Meßtechnische Erfassung und numerische Beschreibung.* Dissertation, Fakultät für Maschinenbau,Universität Karlsruhe, 1992

[70] PETERS, N.: *Fifteen Lectures on Laminar and Turbulent Combustion.* Ercoftac Summer School, 1992

[71] METGHALCHI, M. ; KECK, J.C.: Burning velocities of mixtures of air with methanol, isooctane, and indolene at high pressure and temperature. *Combustion and Flame* 48 (1982), S. 191–210

[72] DAMKÖHLER, G.: Der Einfluss der Turbulenz auf die Flammengeschwindigkeit in Gasgemischen. *Zeitschrift für Elektrochemie* 46 (1940), Nr. 11, S. 601–652

[73] BORGHI, R.: On the Structure and Morphology of Turbulent Premixed Flames. *RecentAdvances in the Aerospace Sciences* (1985), S. 117–138

[74] JOOS, F.: *Technische Verbrennung.* Springer, 2006

[75] KRÖNER, T.: *Einfluss lokaler Löschvorgänge auf den Flammenrückschlag durch verbrennungsinduziertes Wirbelaufplatzen.* Dissertation, Universität München, 2003

[76] COLIN, O. ; BENKENIDA, A. ; ANGELBERGER, C.: 3D Modeling of Mixing, Ignition and Combustion Phenomena in Highly Stratified Gasoline Engines. *Oil & Gas Science and Technology* 58 (2003), Nr. 1, S. 47–62

[77] MENEVEAU, C. ; POINSOT, T.: Stretching and Quenching of Flamelets in Premixed Turbulent Combustion. *Combustion and Flame* 86 (1991), Nr. 4, S. 311–332

[78] COLIN, O. ; BENKENIDA, A.: The 3-Zones Extended Coherent Flame Model (ECFM3Z) for Computing Premixed/Diffusion Combustion. *Oil & Gas Science and Technology* 59 (2004), Nr. 6, S. 593–609

[79] CURRAN, H.J. ; GAFFURI, P. ; PITZ, W.J. ; WESTBROOK, C.K.: A Comprehensive Modeling Study of n-Heptane Oxidation. *Combustion and Flame* 114 (1998), Nr. 1, S. 149–177

[80] MEINTJES, K. ; MORGAN, A.P.: Element Variables and the Solution of Complex Chemical Equilibrium Problems. *Combustion Science and Technology* 68 (1989), Nr. 1, S. 35–48

[81] WELLER, H.G.: The Development of a New Flame Area Combustion Model using Conditional Averaging. *Thermo-Fluids Section Report TF/9307, Imperial College of Science Technology and Medicine, London* (1993)

[82] WELLER, H.G. ; TABOR, G. ; GOSMAN, A.D.: Application of a Flame-Wrinkling LES Combustion Model to a Turbulent Mixing Layer. *Twenty-Seventh Symposium (International) on Combustion*, 1998

[83] PETERS, N.: *Turbulent Combustion.* Cambridge University Press, 2000

[84] KRAUS, E.: *Simulation der vorgemischten Verbrennung in einem realen Motor mit dem Level-Set-Ansatz.* Dissertation, Eberhard-Karls-Universität zu Tübingen, 2007

[85] KNOP, V. ; ESSAYEM, E.: Comparison of PFI and DI Operation in a Downsized Gasoline Engine. *SAE Technical Paper* (2013), Nr. 2013-01-1103

[86] OZDOR, N. ; DULGER, M. ; SHER, E.: Cyclic Variability in Spark Ignition Engines - A Literature Survey. *SAE Technical Paper* (1994), Nr. 940987

[87] MATEKUNAS, F.: Modes and Measures of Cyclic Combustion Variability. *SAE Technical Paper* (1983), Nr. 830337

[88] Heywood, J.B.: *Internal Combustion Engine Fundamentals.* McGraw-Hill, 1988

[89] Pflaum, S. ; Wachtmeister, G. ; Mackovic, M. ; Frank, G. ; Göken, M.: Wege zur Rußbildungshypothese. *31. Internationales Wiener Motorensymposium*, 2010

[90] Mansurov, Z. A.: Soot Formation in Combustion Processes. *Combustion, Explosion and Shock Waves* 41 (2005), Nr. 6, S. 727–744

[91] Kennedy, I.M.: Models of Soot Formation and Oxidation. *Progress in Energy and Combustion Science* 23 (1997), Nr. 1285/97, S. 95–132

[92] DLR: *Institut für Verbrennungstechnik.* Abteilung Chemische Kinetik, 2012

[93] Bockhorn, H.: *Soot Formation in Combustion.* Springer, 1994

[94] Warnatz, J.: The structure of laminar alkane-, alkene-, and acetylene flames. *Eighteenth Symposium (International) on Combustion* 18 (1981), Nr. 1, S. 369–384

[95] Frenklach, M. ; Wang, H.: Detailed modeling of soot particle nucleation and growth. *Twenty-Third Symposium (International) on Combustion* 23 (1991), Nr. 1, S. 1559–1566

[96] Bockhorn, H. ; Schäfer, T.: Growth of Soot Particles in Premixed Flames by Surface Reactions. *Soot Formation in Combustion* 59 (1994), S. 253–274

[97] McKinnon, J. T.: *Chemical and physical mechanisms of soot formation.* Dissertation, Massachusetts Institute of Technology, 1989

[98] Böhm, H. ; Jander, H. ; Tanke, D.: PAH growth and soot formation in the pyrolysis of acetylene and benzene at high temperatures and pressures: Modeling and experiment. *Twenty-Seventh Symposium (International) on Combustion* 27 (1998), Nr. 1, S. 1605–1612

[99] Mauss, F. ; Schäfer, T. ; Bockhorn, H.: Inception and growth of soot particles in dependence on the surrounding gas phase. *Combustion and Flame* 99 (1994), Nr. 3, S. 697–705

[100] Richter, H. ; Howard, J.B.: Formation of polycyclic aromatic hydrocarbons and their growth to soot-a review of chemical reaction pathways. *Progress in Energy and Combustion Science* 26 (2000), S. 565–608

[101] Schubiger, R.A.: *Untersuchungen zur Russbildung und -oxidation in der dieselmotorischen Verbrennung: Thermodynamische Kenngrößen, Verbrennungsanalyse und*

Mehrfarbenendoskopie. Dissertation, Eidgenössische Technische Hochschule Zürich, 2001

[102] NISHIDA, K. ; HIROYASU, H.: Simplified Three-Dimensional Modeling of Mixture Formation and Combustion in a D.I. Diesel Engine. *SAE Technical Paper* (1989), Nr. 890269

[103] FRENKLACH, M. ; WANG, H.: Detailed Mechanism and Modeling of Soot Particle Formation. *Soot Formation in Combustion* 59 (1994), S. 165–192

[104] MAUSS, F.: *Entwicklung eines kinetischen Modells der Rußbildung mit schneller Polymerisation.* Dissertation, Rheinisch-Westfälischen Technischen Hochschule Aachen, 1997

[105] APPEL, J. ; BOCKHORN, H. ; FRENKLACH, M.: Kinetic Modeling of Soot Formation with Detailed Chemistry and Physics: Laminar Premixed Flames of C2 Hydrocarbons. *Combustion and Flame* 121 (2000), Nr. 1, S. 122–136

[106] AGAFONOV, G. L. ; NULLMEIER, M. ; VLASOV, P. A. ; WARNATZ, J. ; ZASLONKO, I. S.: Kinetic Modeling of Solid Carbon Particle Formation and Thermal Decomposition during Carbon Suboxide Pyrolysis behind Shock Waves. *Combustion Science and Technology* 174 (2002), Nr. 5, S. 185–213

[107] SCHULZ, F. ; SCHMIDT, J.: Investigation of fuel wall films using Laser-induced-fluorescence. *DIPSI Workshop on Droplet Impact Phenomena and Spray Investigation*, 2012

[108] DRAKE, M. C. ; FANSLER, T. D. ; ROSALIK, M. E.: Quantitative High-Speed Imaging of Piston Fuel Films in Direct-Injection Engines using a Refractive-Index-Matching Technique. *ILASS-America*, 2002

[109] SCHULZ, F. ; SCHMIDT, J.: Infrared thermography based fuel film investigations. *12th Trinnial International Conference on Liquid Atomization and Spray Systems*, 2012

[110] KUFFERATH, A. ; SAMENFINK, W. ; HAMMER, J. ; SCHULZ, F. ; KÖNNIG, M. ; SCHMIDT, J.: Charakterisierung des Wandfilms relevanter Betriebsbedingungen für einen direkteinspritzenden Ottomotor als Grundlage zur Schadstoffminimierung. *10. Kongress Motorische Verbrennung*, 2011

[111] BARGENDE, M.: *Ein Gleichungsansatz zur Berechnung der instationären Wandwärmeverluste im Hochdruckteil von Ottomotoren.* Dissertation, Technische Hochschule Darmstadt, 1991

[112] Reipert, P. ; Mirold, A. ; Polej, A.: Verfahren zur Bestimmung der gasseitigen Oberflächentemperaturen und Wärmeströme in Verbrennungsmotoren. *5. Dresdner Motorenkolloqium*, 2003

[113] Steeper, R. ; Stevens, E.J.: Characterization of Combustion, Piston Temperatures, Fuel Sprays and Fuel-Air Mixing in a DISI Optical Engine. *SAE Technical Paper* (2000), Nr. 2000-01-2900

[114] Wang, X. ; Price, P. ; Stone, C.R. ; Richardson, D.: Heat release and heat flux in a spray-guided direct-injection gasoline engine. *Proceedings of the Institution of Mechanical Engineers, Part D: Journal of Automobile Engineering* 221 (2007), Nr. 586, S. 1441–1452

[115] Buono, D. ; Iarrobino, E. ; Senatore, A.: Optical Piston Temperature Measurement in an Internal Combustion Engine. *SAE Technical Paper* (2011), Nr. 2011-01-0407

[116] Cho, K. ; Grover, R.O. ; Assanis, D. ; Filipi, Z.: Combining Instantaneous Temperature Measurement and CFD for Analysis of Fuel Impingement on the DISI Engine Piston Top. *Internal Combustion Engine Spring Technical Conference*, 2009

[117] Cho, K. ; Assanis, D. ; Filipi, Z. ; Szekely, G. ; Najt, P. ; Rask, R.: Experimental investigation of combustion and heat transfer in a direct-injection spark ignition engine via instantaneous combustion chamber surface temperature measurements. *Proceedings of the Institution of Mechanical Engineers, Part D: Journal of Automobile Engineering* 222 (2008), Nr. 11, S. 2219–2233

[118] Bargende, M. ; Pütter, R.G.: Ermittlung der Ladungsbewegung in motorischen Brennräumen durch Messung instationärer Oberflächentemperaturverläufe. *Motortechnische Zeitschrift* 47 (1986), Nr. 12, S. 533–538

[119] Emmrich, T.: *Beitrag zur Ermittlung der Wärmeübergänge in Brennräumen von Verbrennungsmotoren mit homogener und teilhomogener Energieumsetzung.* Dissertation, Universität Stuttgart, 2010

[120] Vogel, C. ; Woschni, G. ; Zeilinger, K.: Einfluß von Wandablagerungen auf den Wärmeübergang im Verbrennungsmotor. *Motortechnische Zeitschrift* 55 (1994), Nr. 4, S. 244–247

[121] Eiglmeier, C.: *Phänomenologische Modellbildung des gasseitigen Wandwärmeüberganges in Dieselmotoren.* Dissertation, Universität Hannover, 2000

[122] HUTFLIESS, M. ; HEDDEN, K.: Der Einfluß der Verdampfung des Ottokraftstoffes auf die Bildung koksartiger Ablagerungen auf Einlassventilen. *Motortechnische Zeitschrift* 59 (1998), Nr. 7, S. 424–429

[123] KALGHATGI, G. T.: Deposits in Gasoline Engines-A Literature Review. *SAE Technical Paper* (1990), Nr. 902105

[124] LEPPERHOFF, G. ; HOUBEN, M.: Mechanisms of Deposit Formation in Internal Combustion Engines and Heat Exchangers. *SAE Technical Paper* (1993), Nr. 931032

[125] HSIEH, W.D. ; LU, J.H. ; CHEN, R.H. ; LIN, T.H.: Deposit formation characteristics of gasoline spray in a stagnation-point flame. *Combustion and Flame* (2009), Nr. 156, S. 1909–1916

[126] SUHRE, B. R. ; FOSTER, D. E.: In-Cylinder Soot Deposition Rates Due to Thermophoresis in a Direct-Injection Diesel Engine. *SAE Technical Paper* (1992), Nr. 921629

[127] WIMMER, A.: *Oberflächentemperaturaufnehmer zur experimentellen Bestimmung des instationären Wärmeübergangs in Verbrennungsmotoren.* Dissertation, Technische Universität Graz, 1992

[128] HEINSTEIN, A. ; LANDENFELD, T. ; RIEMER, M. ; SEBASTIAN, T.: Direkteinspritzsysteme für Ottomotoren. *Motortechnische Zeitschrift* 3 (2013), Nr. 74, S. 226–231

[129] KÖPPLE, F. ; SEBOLDT, D. ; JOCHMANN, P. ; HETTINGER, A. ; KUFFERATH, Bargende M. A.: Experimental Investigation of Fuel Impingement and Spray-Cooling on the Piston of a GDI Engine via Instantaneous Surface Temperature Measurements. *SAE Int. J. Engines* 7 (2014), Nr. 2014-01-1447

[130] JOVICIC, N.: CR/ARF3 internal report on SVIS3. Robert Bosch GmbH, 2006. – Forschungsbericht

[131] ILG, P.: *Untersuchung zum Einfluss der Strahlgeometrie auf die Gemischbildung eines direkt einspritzenden Ottomotors mit strahlgeführtem Brennverfahren.* Diplomarbeit, Universität Stuttgart, 2009

[132] HENN, A.: *CFD-Simulation der Düsenströmung und Wandbenetzung in einem Mehrloch-Injektor.* Diplomarbeit, Hochschule für Angewandte Wissenschaften Hamburg, 2012

[133] Köpple, F. ; Jochmann, P. ; Kufferath, A. ; Bargende, M.: Investigation of the Parameters Influencing the Spray-Wall Interaction in a GDI Engine - Prerequisite for the Prediction of Particulate Emissions by Numerical Simulation. *SAE Int. J. Engines* 6 (2013), Nr. 2013-01-1089

[134] FLUIDAT on the Net: V1.38/6.18. *www.fluidat.com*, 2012

[135] American Petroleum Institute, Research Project 45: Knocking characteristics of pure hydrocarbons. *American Society for Testing Materials* (1958)

Printed in the United States
By Bookmasters